拙匠随笔

梁思成 著

建筑大家谈

杨永生 主编

中国建筑工业出版社
中国城市出版社

梁思成（1901～1972年）

梁思成（1901～1972）是我国当代著名建筑家。梁先生不仅在中国古建筑研究、建筑理论、建筑教育、城市规划等方面做出了卓越的贡献，而且在50～60年代以其渊博的知识和独到的见解撰写了不少脍炙人口的建筑科普作品。梁先生的科普作品深入浅出，文字隽永，辅以图解，易读易懂。这本书编入梁先生的8篇科普作品，另外还编入1950年写的《关于北京城墙存废问题的讨论》。

出版前言

近现代以来，梁思成、杨廷宝、童寯等一代代建筑师筚路蓝缕，用他们的智慧和实践，亲历并促进了我国建筑设计事业的启动、发展、转型和创新，对中国建筑设计和理论的发展作出了杰出贡献。

改革开放以后，西方建筑理论思潮纷纷引入我国，建筑理论、建筑文化空前发展，建筑设计界呈现“百花齐放”的盛景，孕育了一批著名建筑师和建筑理论家。

为纪念这些著名建筑师和建筑理论家，记录不同历史时代建筑设计的思潮，我社将20世纪90年代杨永生主编的“建筑文库”丛书进行重新校勘和设计，并命名为“建筑大家谈”丛书。丛书首批选择了梁思成、杨廷宝、童寯、张开济、张镈、罗小未等建筑大家的经典著作：《拙匠随笔》《杨廷宝谈建筑》《最后的论述》《现代建筑奠基人》《建筑师的修养》《建筑一家言》。所选图书篇幅短小精悍、内容深入浅出，兼具思想性、学术性和普及性。

本丛书旨在记录这些建筑大家所经历的时代，让新一代建筑师了解这些建筑大家的学识与风采，以及他们在面对中国建筑新的发展道路时的探索与思考，进而为当代中国建筑设计发展转型提供启发与指引。

中国建筑工业出版社

中国城市出版社

2024年4月

代序

《拙匠随笔》的随笔[1]

吴良镛

前些年，有位年迈的国外建筑学者对我说，他由于年龄关系，具体的业务少了，致力于某报建筑论坛专栏写稿。他发现，这类文章读者多，社会影响大，超过一般学术论文，他对自己新“领域”的开拓，欣然自得，信心甚足。当时，我只一听而过，并未去多想。

① 此文是清华大学吴良镛教授应《建设报》之约，于1987年撰写的。至今，两年多过去了，《建设报》未辟拙匠随笔专栏，此文亦未发表。现在，由吴先生提供原稿，作为本书代序编入本书——编者，1990年11月8日。

尔后，在编纂《梁思成文集》时，看到梁先生晚年的文章，特别是重读《拙匠随笔》之后，仍深有启发。文章不长，深入浅出，言之有物，立论清新。这些文章在当时就受到社会注意，我记得梁先生告诉过我，某日在机场，会到周恩来总理，因为各有不同的客人，还是总理发现了他，从他身后走上来，拍拍他的肩膀说："你的《建筑师是怎样工作的?》一文，我看了，写得很好！这类文章，以后不妨多写。提高人们对建筑的认识。"其实不止周总理看了很欣赏，其他如《千篇一律与千变万化》一文浅释统一变化规律，给予我们建筑教师的印象也是很深的，并常为人所引用。重读之余，我倒想起前面所说的那位国外建筑师的话来，我深感建筑是社会事业，它是为广大群众服务的，也要求社会对建筑的广泛了解和支持。从这个意义上讲，加强对建筑的介绍与评论，目的就很明显了。

梁先生当时列了一张单子，计划先写十篇，每篇有一个主题，从建筑是什么开篇，内容也少不了一些典故，题目甚至来一点噱头。例如《从“燕用”——不祥的谶语说起》一文，从宋代汴京的建设与金中都建设，将开封的一些宫殿建筑构件搬到北京来，说到装配式建筑与近代建筑施工等，以几件具体的事看建筑发展之线索。梁先生说“题目新颖，人家一见就要看下去”，实际效果也正是如此。

“随笔”所写，都是他长期思考的问题，说古论今，旁征博引，写起来却一气呵成。他重视插图，都是亲自动手画，像颐和园长廊一幅，一再更改，画完颇为得意，可惜原稿遗失，《梁思成文集》所刊的是别人摹写（附带说一句，他还想自己专为青少年描画一本中国建筑发展的“小人书”，也是出于普及建筑文化的用意，但未能实现）。这建筑随笔的写出，是在他以火炽的热情，阐述建筑科学及建筑艺术的重要性的又一努力。可惜像这样的学术小品后来也和《燕山夜话》的下场一样，中途停顿，窒息了。

这些年来，讨论建筑的随笔杂文之类的文章多了起来，老年专家如张开济、陈从周先生等就写了不少雅俗共赏的随笔，吸引不少晚报的读者。中青年专家也陆续涌出，这是建筑思想活跃的表现，对推动学术讨论，普及提高中国建筑科学与艺术水平作用很大。“人民城市人民建”，人民城市为人民，人民是城乡的主人，我们应当努力创造各种条件，将我们的服务对象——城乡的主人，对建筑的积极性创造性发挥出来。《建设报》的编者有鉴于此，拟恢复“拙匠随笔”专栏，既是“拙匠”随笔，当然还是由“匠人”来写，只是从一家发展到百家，从一位老年的建筑工作者个人孜孜奋战，发展为老中青参加的建筑论坛与普及建筑科学园地，这是饶有意义的。编者要我开篇，爰将梁先生撰文经过，及我所想附记于上。我的文章一写就长，这是不足为训的。

1987年7月25日

中东上空

目录

拙匠随笔（一）

建筑⊂（社会科学∪技术科学∪美术）[①]

常常有人把建筑和土木工程混淆起来，以为凡是土木工程都是建筑。也有很多人以为建筑仅仅是一种艺术。还有一种看法说建筑是工程和艺术的结合，但把这艺术看成将工程美化的艺术，如同舞台上把一个演员化妆起来那样。这些理解都是不全面的，不正确的。

两千年前，罗马的一位建筑理论家维特鲁维斯（Vitruvius）曾经指出：建筑的三要素是适用、坚固、美观。从古以来，任何人盖房子都必首先有

① 高等数学用的符号：⊂——被包含于；∪——结合。

一个明确的目的，是为了满足生产或生活中某一特定的需要。房屋必须具有与它的需要相适应的坚固性。在这两个前提下，它还必须美观。必须三者具备，才够得上是一座好建筑。

适用是人类进行建筑活动和一切创造性劳动的首要要求。从单纯的适用观点来说，一件工具、器皿或者机器，例如一个能用来喝水的杯子，一台能拉二千五百吨货物，每小时跑八十到一百二十公里的机车，就都算满足了某一特定的需要，解决了适用的问题。但是人们对于建筑的适用的要求却是层出不穷，十分多样化而复杂的。比方说，住宅建筑应该说是建筑类型中比较简单的课题了，然而在住宅设计中，除了许多满足饮食起居等生理方面的需要外，还有许多社会性的问题。例如这个家庭的人口数和辈分（一代，两代或者三代乃至四代），子女的性别和年龄（幼年子女可以住在一起，但到了十二三岁，儿子和女儿就需要分住），往往都是在不断发展改变着。生老病死，男婚女嫁。如何使一所住宅能够适应这种不断改变着的需要，就是一个极难尽满人意的难题。又如一位大学教授的住宅就需要一间可以放很多书架的安静的书斋，而一位电焊工人就不一定有此需要。仅仅满足了吃饭、睡觉等问题，而不解决这些社会性的问题，一所住宅就不是一所适用的住宅。

至于生产性的建筑，它的适用问题主要由工艺操作过程来决定。它必须有适合于操作需要的车间；而车间与车间的关系则需要适合于工序的要求。但是既有厂房，就必有行政管理的办公楼，它们之间必然有一定的联系。办公楼里面，又必然要按企业机构的组织形式和行政管理系统安排各种房间。既有工厂就有工人、职员，就必须建造职工住宅（往往是成千上万的工人），形成成街成坊成片的住宅区。既有成千上万的工人，就必然有各种人数、辈分、年龄不同的家庭结构。既有住宅区，就必然有各种商店、服务业、医疗、文娱、学校、幼托机构等等的配套问题。当一系列这类问题提到设计任务书上来的时候，一个建筑设计人员就不得不做一番社会调查研究的工作了。

推而广之，当成千上万座房屋聚集在一起而形成一个城市的时候，从一个城市的角度来说，就必须合理布置全市的工业企业，各级行政机构，以及全市居住、服务、教育、文娱、医卫、供应等等建筑。还有由于解决这千千万万的建筑之间的交通运输的街道系统和市政建设等问题，以及城市街道与市际交通的铁路、公路、水路、空运等衔接联系的问题。这一切都必须全面综合地予以考虑。并且还要考虑到城市在今后十年、二十年乃至四五十年间的发展。这样，建筑工作就必须根据国家的社会制度，国民经济发展的计划，结合本城市的自然环境——地理、地形、地质、水文、气候等等和整个城市人口的社会分析来进行工作。这时候，建筑师就必须在一定程度上成为一位社会科学（包括政治经济学）家了。

一个建筑师解决这些问题的手段就是他所掌握的科学技术。对一座建筑来说，当他全面综合地研究了一座建筑物各方面的需要和它的自然环境和社会环境（在城市中什么地区、左邻右舍是些什么房屋）之后，他就按照他所能掌握的资金和材料，确定一座建筑物内部各个房间的面积、体积，予以合理安排。不言而喻，各个房间与房间之间，分隔与联系之间，都是充满了矛盾的。他必须求得矛盾的统一，使整座建筑能最大限度地满足适用的要求，提出设计方案。

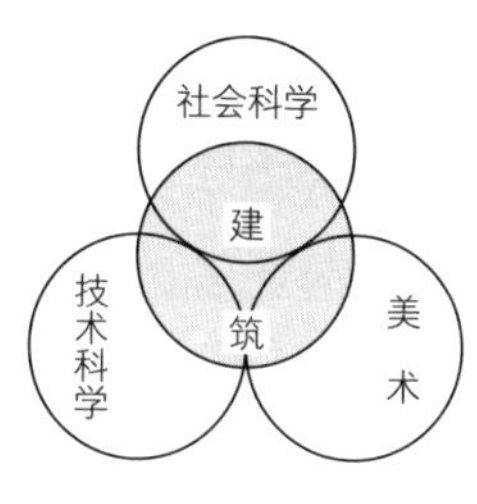

其次，方案必须经过结构设计，用各种材料建成一座座具体的建筑物。这项工作，在古代是比较简单的。从上古到十九世纪中叶，人类所掌握的建筑材料无非就是砖、瓦、木、灰、砂、石。房屋本身也仅仅是一个“上栋下宇，以蔽风雨”的“壳子”。建筑工种主要也只有木工、泥瓦工、石工三种。但是今天情形就大不相同了。除了砖、瓦、木、灰、砂、石之外，我们已经有了钢铁、钢筋混凝土、各种合金，乃至各种胶合料、塑料等等新的建筑材料，以及与之同来的新结构、新技术。而建筑物本身内部还多出了许多“五脏六腑，筋络管道”，有“血脉”，有“气管”，有“神经”，有“小肠、大肠”等等。它的内部机电设备——采暖、通风、给水、排水、电灯、电话、电梯、空气调节（冷风、热风）、扩音系统等等，都各是一门专门的技术科学，各有其工种，各有其管道线路系统。它们之间又是充满了矛盾的。这一切都必须各得其所地妥善安排起来。今天的建筑工作的复杂性绝不是古代的匠师们所能想象的。但是我们必须运用这一切才能满足越来越多，越来越高的各种适用上的要求。

因此，建筑是一门技术科学——更准确地说，是许多门技术科学的综合产物。这些问题都必须全面综合地从工程、技术上予以解决。打个比喻，建筑师的工作就和作战时的参谋本部的工作有点类似。

到这里，他的工作还没有完。一座房屋既然建造起来，就是一个有体有形的东西，因而就必然有一个美观的问题。它的美观问题是客观存在的。因此，人们对建筑就必然有一个美的要求。事实是，在人们进入一座房屋之前，在他意识到它适用与否之前，他的第一个印象就是它的外表的形象：美或丑。这和我们第一次认识一个生人的观感的过程是类似的。但是，一个人是活的，除去他的姿容、服饰之外，更重要的还有他的品质、性格、风格等。他可以其貌不扬，不修边幅而无损于他的内在的美。但一座建筑物却不同，尽管它既适用、又坚固，人们却还要求它是美丽的。

因此，一个建筑师必须同时是一个美术家。因此建筑创作的过程，除了要从社会科学的角度分析并认识适用的问题，用技术科学来坚固、经济地实现一座座建筑以解决这适用的问题外，还必须同时从艺术的角度解决美观的问题。这也是一个艺术创作的过程。

必须明确，这三个问题不是应该分别各个孤立地考虑解决的，而是应该从一开始就综合考虑的。

同时也必须明确，适用和坚固、经济的问题是主要的，而美观是从属的、派生的。

从学科的配合来看，我们可以得出这样一个公式：建筑⊂（社会科学∪技术科学∪美术）。也可以用这图表达出来：这就是我对党的建筑方针——适用，经济，在可能条件下注意美观——如何具体化的学科分析。

附注：关于建筑的艺术问题，请参阅1961年7月26日《人民日报》拙著——作者注。

《人民日报》1961年7月26日发表的《建筑和建筑艺术》一文已编入本书——编者注。

（本文原载《人民日报》1962年4月8日第五版）

拙匠随笔（二）

建筑师是怎样工作的?

上次谈到建筑作为一门学科的综合性，有人就问，“那么，一个建筑师具体地又怎样进行设计工作呢?”多年来就不断地有人这样问过。

首先应当明确建筑师的职责范围。概括地说，他的职责就是按任务提出的具体要求，设计最适用，最经济，符合于任务要求的坚固度而又尽可能美观的建筑；在施工过程中，检查并监督工程的进度和质量。工程竣工后还要参加验收的工作。现在主要谈谈设计的具体工作。

设计首先是用草图的形式将设计方案表达出

来。如同绘画的创作一样，设计人必须“意在笔先”。但是这个“意”不像画家的“意”那样只是一种意境和构图的构思（对不起，画家同志们，我有点简单化了!），而需要有充分的具体资料和科学根据。他必须先做大量的调查研究，而且还要“体验生活”。所谓“生活”，主要的固然是人的生活，但在一些生产性建筑的设计中，他还需要“体验”一些高炉、车床、机器等等的“生活”。他的立意必须受到自然条件，各种材料技术条件，城市（或乡村）环境，人力、财力、物力以及国家和地方的各种方针、政策、规范、定额、指标等等的限制。有时他简直是在极其苛刻的羁绊下进行创作。不言而喻，这一切之间必然充满了矛盾。建筑师“立意”的第一步就是掌握这些情况，统一它们之间的矛盾。

具体地说：他首先要从适用的要求下手，按照设计任务书提出的要求，拟定各种房间的面积、体积。房间各有不同用途，必须分隔；但彼此之间又必然有一定的关系，必须联系。因此必须全面综合考虑，合理安排——在分隔之中求得联系，在联系之中求得分隔。这种安排很像摆“七巧板”。

什么叫合理安排呢？举一个不合理的（有点夸张到极端化的）例子。假使有一座北京旧式五开间的平房，分配给一家人用。这家人需要客厅、餐厅、卧室、卫生间、厨房各一间。假使把这五间房间这样安排：

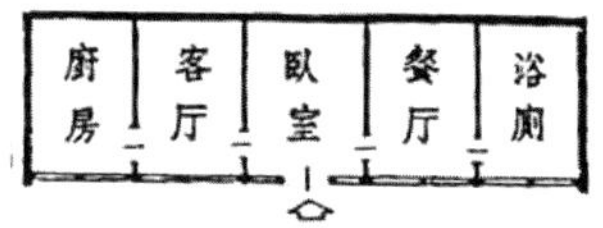

可以想象，住起来多么不方便!客人来了要通过卧室才走进客厅；买来柴米油盐鱼肉蔬菜也要通过卧室、客厅才进厨房；开饭又要端着菜饭走过客厅、卧室才到餐厅；半夜起来要走过餐厅才能到卫生间解手!只有“饭前饭后要洗手”比较方便。假使改成这样：就比较方便合理了。

当一座房屋有十几、几十乃至几百间房间都需要合理安排的时候，它们彼此之间的相互关系就更加多方面而错综复杂，更不能像我们利用这五间老式平房这样通过一间走进另一间，因而还要加上一些除了走路之外更无他用的走廊、楼梯之类的“交通面积”。房间的安排必须反映并适应组织系统或生产程序和生活的需要。这种安排有点像下棋，要使每一子、每一步都和别的棋子有机地联系着，息息相关；但又须有一定的灵活性以适应改作其他用途的可能。当然，“适用”的问题还有许多其他方面，如日照（朝向），避免城市噪声、通风等等，都要在房间布置安排上给予考虑。这叫做“平面布置”。

但是平面布置不能单纯从适用方面考虑。必须同时考虑到它的结构。房间有大小高低之不同，若完全由适用决定平面布置，势必有无数大小高低不同、参差错落的房间，建造时十分困难，外观必杂乱无章。

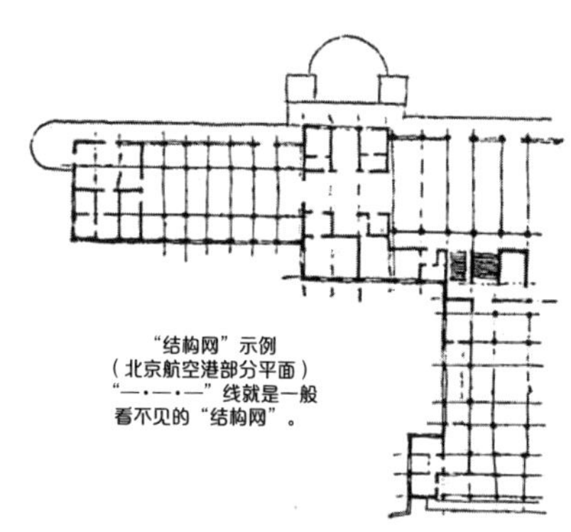

“结构网”示例
（北京航空港部分平面）
“—·—·—”线就是一般看不见的“结构网”。

一般地说，一座建筑物的外墙必须是一条直线（或曲线）或不多的几段直线。里面的隔断墙也必须按为数不太多的几种距离安排；楼上的墙必须砌在楼下的墙上或者一根梁上。这样，平面布置就必然会形成一个棋盘式的网格。即使有些位置上不用墙而用柱，柱的位置也必须像围棋子那样立在网格的“十”字交叉点上——不能使柱子像原始森林中的树那样随便乱长在任何位置上。这主要是由于使承托楼板或屋顶的梁的长度不一致长短参差不齐而决定的。这叫做“结构网”。（见上图）

在考虑平面布置的时候，设计人就必须同时考虑到几种最能适应任务需求的房间尺寸的结构网。一方面必须把许多房间都“套进”这结构网的“框框”里；另一方面又要深入细致地从适用的要求以及建筑物外表形象的艺术效果上去选择，安排他的结构网。适用的考虑主要是对人，而结构的考虑则要在满足适用的大前提下，考虑各种材料技术的客观规律，要尽可能发挥其可能性而巧妙地利用其局限性。

事实上，一位建筑师是不会忘记他也是一位艺术家的“双重身份”的。在全面综合考虑并解决适用、坚固、经济、美观问题的同时，当前三个问题得到圆满解决的初步方案的时候，美观的问题，主要是建筑物的总的轮廓、姿态等问题，也应该基本上得到解决。

当然，一座建筑物的美观问题不仅在它的总轮廓，还有各部分和构件的权衡、比例、尺度、节奏、色彩、表质和装饰等等，犹如一个人除了总的体格身段之外，还有五官、四肢、皮肤等，对于他的美丑也有极大关系。建筑物的每一细节都应当从艺术的角度仔细推敲，犹如我们注意一个人的眼睛、眉毛、鼻子、嘴、手指、手腕等等。还有脸上是否要抹一点脂粉，眉毛是否要画一画。这一切都是要考虑的。在设计推敲的过程中，建筑师往往用许多外景、内部、全貌、局部、细节的立面图或透视图，素描或者着色，或用模型，作为自己研究推敲，或者向业主说明他的设计意图的手段。

当然，在考虑这一切的同时，在整个构思的过程中，一个社会主义的建筑师还必须时时刻刻绝不离开经济的角度去考虑，除了“多、快、好”之外，还必须“省”。

一个方案往往是经过若干个不同方案的比较后决定下来的。我们首都的人民大会堂、革命历史博物馆、美术馆等方案就是这样决定的。决定下来之后，还必然要进一步深入分析、研究，经过多次重复修改，才能作最后定案。

方案决定后，下一步就要做技术设计，由不同工种的工程师，首先是建筑师和结构工程师，以及其他各种——采暖、通风、照明、给水排水等设备工程师进行技术设计。在这阶段中，建筑物里里外外的一切，从房屋的本身的高低、大小，每一梁、一柱、一墙、一门、一窗、一梯、一步、一花、一饰，到一切设备，都必须用准确的数字计算出来，画成图样。恼人的是，各种设备之间以及它们和结构之间往往是充满了矛盾的。许多管道线路往往会在墙壁里面或者顶棚上面“打架”，建筑师就必须会同各工种的工程师做“汇总”综合的工作，正确处理建筑内部矛盾的问题，一直到适用、结构、各种设备本身技术上的要求和它们的作用的充分发挥、施工的便利等方面都各得其所，互相配合而不是互相妨碍、扯皮。然后绘制施工图。

施工图必须准确，注有详细尺寸。要使工人拿去就可以按图施工。施工图有如乐队的乐谱，有综合的总图，有如“总谱”；也有不同工种的图，有如不同乐器的“分谱”。它们必须协调、配合。详细具体内容就不必多讲了。

设计制图不是建筑师唯一的工作。他还要对一切材料、做法编写详细的“做法说明书”，说明某一部分必须用哪些哪些材料如何如何地做。他还要编订施工进度、施工组织、工料用量等等的初步估算，作出初步估价预算。必须根据这些文件，施工部门才能够做出准确的详细预算。

但是，他的设计工作还没有完。随着工程施工开始，他还需要配合施工进度，经常赶在进度之前，提供各种“详图”（当然，各工种也要及时地制出详图）。这些详图除了各部分的构造细节之外，还有里里外外大量细节（有时我们管它做“细部”）的艺术处理、艺术加工。有些比较复杂的结构、构造和艺术要求比较高的装饰性细节，还要用模型（有时是“足尺”模型）来作为“详图”的一种形式。在施工过程中，还可能临时发现由于设计中或施工中的一些疏忽或偏差而使结构“对不上头”或者“合不上口”的地方，这就需要临时修改设计。请不要见笑，这等窘境并不是完全可以避免的。

除了建筑物本身之外，周围环境的配合处理，如绿化和装饰性的附属“小建筑”（灯杆、喷泉、条凳、花坛乃至一些小雕像等等）也是建筑师设计范围内的工作。

就一座建筑物来说，设计工作的范围和做法大致就是这样。建筑是一种全民性的，体积最大，形象显著，“寿命”极长的“创作”。谈谈我们的工作方法，也许可以有助于广大的建筑使用者，亦即六亿五千万“业主”更多的了解这一行道，更多地帮助我们，督促我们，鞭策我们。

（本文原载《人民日报》1962年4月29日第五版）

拙匠随笔（三）

千篇一律与千变万化

在艺术创作中，往往有一个重复和变化的问题：只有重复而无变化，作品就必然单调枯燥；只有变化而无重复，就容易陷于散漫零乱。在有“持续性”的作品中，这一问题特别重要。我所谓“持续性”，有些是由于作品或者观赏者由一个空间逐步转入另一空间，所以同时也具有时间的持续性，成为时间、空间的综合的持续。

音乐就是一种时间持续的艺术创作。我们往往可以听到在一首歌曲或者乐曲从头到尾持续的过程中，总有一些重复的乐句、乐段——或者完全相同，或者略有变化。作者通过这些重复而取得整首乐曲的统一性。

音乐中的主题和变奏也是在时间持续的过程中，通过重复和变化而取得统一的另一例子。在舒伯特的“鳟鱼”五重奏中，我们可以听到持续贯串全曲的、极其朴素明朗的“鳟鱼”主题和它的层出不穷的变奏。但是这些变奏又“万变不离其宗”——主题。水波涓涓的伴奏也不断地重复着，使你形象地看到几条鳟鱼在这片伴奏的“水”里悠然自得地游来游去嬉戏，从而使你“知鱼之乐”焉。

舞台上的艺术大多是时间与空间的综合持续。几乎所有的舞蹈都要将同一动作重复若干次，并且往往将动作的重复和音乐的重复结合起来，但在重复之中又给以相应的变化；通过这种重复与变化以突出某一种效果，表达出某一种思想感情。

在绘画的艺术处理上，有时也可以看到这一点。

宋朝画家张择端的“清明上河图”[①]是我们熟悉

① 故宫博物院藏。文物出版社有复制本——作者注。

的名画。它的手卷的形式赋予它以空间、时间都很长的“持续性”。画家利用树木、船只、房屋，特别是那无尽的瓦陇的一些共同特征，重复排列，以取得几条街道（亦即画面）的统一性。当然，在重复之中同时还闪烁着无穷的变化。不同阶段的重点也螺旋式地变换着在画面上的位置，步步引人入胜。画家在你还未意识到以前，就已经成功地以各式各样的重复把你的感受的方向控制住了。

宋朝名画家李公麟在他的“放牧图”[①]中对于重复性的运用就更加突出了。整幅手卷就是无数匹马的重复，就是一首乐曲，用“骑”和“马”分成几个“主题”和“变奏”的“乐章”。表示原野上低伏缓和的山坡的寥寥几笔线条和疏疏落落的几棵孤单的树就是它的“伴奏”。这种“伴奏”（背景）与主题间简繁的强烈对比也是画家惨淡经营的匠心所在。

上面所谈的那种重复与变化的统一在建筑物形象的艺术效果上起着极其重要的作用。古今中外的

①《人民画报》1961年第六期有这幅名画的部分复制品——作者注。

无数建筑，除去极少数例外，几乎都以重复运用各种构件或其他构成部分作为取得艺术效果的重要手段之一。

就举首都人民大会堂为例。它的艺术效果中一个最突出的因素就是那几十根柱子。虽然在不同的部位上，这一列和另一列柱在高低大小上略有不同，但每一根柱子都是另一根柱子的完全相同的简单重复。至于其他门、窗、檐、额等等，也都是一个个依样葫芦。这种重复却是给予这座建筑以其统一性和雄伟气概的一个重要因素；是它的形象上最突出的特征之一。

历史中最突出的一个例子是北京的明清故宫。从（已被拆除了的）中华门（大明门、大清门）开始就以一间接着一间，重复了又重复的千步廊一口气排列到天安门。从天安门到端门、午门又是一间间重复着的“千篇一律”的朝房。再进去，太和门和太和殿、中和殿、保和殿成为一组的“前三殿”与乾清门和乾清宫、交泰殿、坤宁宫成为一组的“后三殿”的大同小异的重复，就更像乐曲中的主题和“变奏”；每一座的本身也是许多构件和构成部分（乐句、乐段）的重复；而东西两侧的廊、庑、楼、门，又是比较低微的，以重复为主但亦有相当变化的“伴奏”。然而整个故宫，它的每一个组群，却全部都是按照明清两朝工部的“工程做法”的统一规格、统一形式建造的，连彩画、雕饰也尽如此，都是无尽的重复。我们完全可以说它们“千篇一律”。

但是，谁能不感到，从天安门一步步走进去，就如同置身于一幅大“手卷”里漫步；在时间持续的同时，空间也连续着“流动”。那些殿堂、楼门、廊庑虽然制作方法千篇一律，然而每走几步，前瞻后顾，左睇右盼，那整个景色，轮廓、光影，却都在不断地改变着；一个接着一个新的画面出现在周围，千变万化。空间与时间、重复与变化的辩证统一在北京故宫中达到了最高的成就。

颐和园里的谐趣园，绕池环览整整三百六十度周圈，也可以看到这点（图1）。

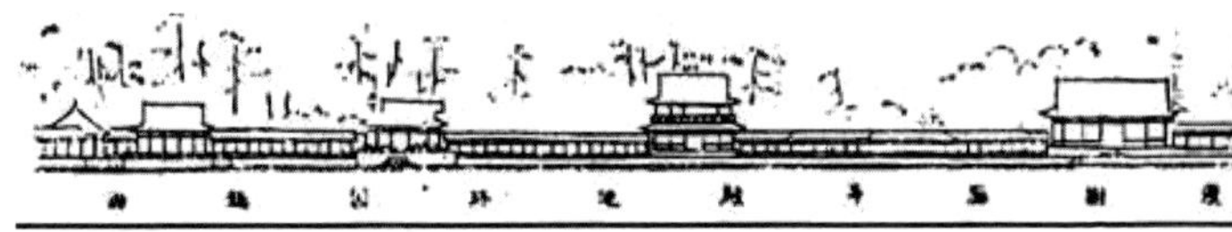

图1　颐和园谐趣园绕池环览展开立面图

至于颐和园的长廊，可谓千篇一律之尤者也。然而正是那目之所及的无尽的重复，才给游人以那种只有它才能给的特殊感受。大胆来个荒谬绝伦的设想：那八百米长廊的几百根柱子，几百根梁枋，一根方，一根圆，一根八角，一根六角……；一根肥，一根瘦，一根曲，一根直……；一根木，一根石，一根铜，一根钢筋混凝土……；一根红，一根绿，一根黄，一根蓝……；一根素净无饰，一根高浮盘龙，一根浅雕卷草，一根彩绘团花……；这样“千变万化”地排列过去，那长廊将成何景象？！（图2）

有人会问：那么走到长廊以前，乐寿堂临湖回廊墙上的花窗不是各具一格，千变万化的吗？是

的。就回廊整体来说，这正是一个“大同小异”，大统一中的小变化的问题。既得花窗“小异”之谐趣，无伤回廊“大同”之统一。且先以这样花窗小小变化，作为廊柱无尽重复的“前奏”，也是一种“欲扬先抑”的手法。

翻开一部世界建筑史，凡是较优秀的个体建筑或者组群，一条街道或者一个广场，往往都以建筑物形象重复与变化的统一而取胜。说是千篇一律，却又千变万化。每一条街都是一轴“手卷”、一首“乐曲”。千篇一律和千变万化的统一在城市面貌上起着重要作用。

十二年来，我们规划设计人员在全国各城市的建筑中，在这一点上做得还不能尽满人意。为了多

图2 “千变万化”——颐和园长廊狂想曲

快好省，我们做了大量标准设计，但是“好”中既也包括艺术的一面，就也“百花齐放”。我们有些住宅区的标准设计“千篇一律”到孩子哭着找不到家；有些街道又一幢房子一个样式、一个风格，互不和谐；即使它们本身各自都很美观，放在一起就都“损人”且不“利己”，“千变万化”到令人眼花缭乱。我们既要百花齐放，丰富多彩，却要避免杂乱无章，相互减色；既要和谐统一，全局完整，却要避免千篇一律，单调枯燥。这恼人的矛盾是建筑师们应该认真琢磨的问题。今天先把问题提出，下次再看看我国古代匠师，在当时条件下，是怎样统一这矛盾而取得故宫、颐和园那样的艺术效果的。

（本文原载《人民日报》1962年5月20日第五版）

拙匠随笔（四）

从“燕用”
——不祥的谶语说起

传说宋朝汴[biàn]梁有一位巧匠，汴梁宫苑中的屏扆[yǐ]窗牖[yǒu]，凡是他制作的，都刻上自己的姓名——燕用。后来金人破汴京，把这些门、窗、隔扇、屏风等搬到燕京（今北京），用于新建的宫殿中，因此后人说：“用之于燕，名已先兆”。匠师在自己的作品上签名，竟成了不祥的谶[chèn]语!

其实“燕用”的何止一些门、窗、隔扇、屏风?据说宋徽宗赵佶“竭天下之富”营建汴梁宫苑，金人陷汴京，就把那一座座宫殿“输来燕幽”。金燕京

（后改称中都）的宫殿，有一部分很可能是由汴梁搬来的，否则那些屏扆窗牖，也难“用之于燕”。

原来，中国传统的木结构是可以“搬家”的。今天在北京陶然亭公园，湖岸山坡上挺秀别致的叠韵楼是前几年我们从中南海搬去的。兴建三门峡水库的时候，我们也把水库淹没区内元朝建造的道观——永乐宫组群由山西芮城县永乐镇搬到四五十里外的龙泉村附近。

为什么千百年来，我们可以随意把一座座殿堂楼阁搬来搬去呢？用今天的术语来解释，就是因为中国的传统木结构采用的是一种“标准设计，预制构件，装配式施工”的“框架结构”，只要把那些装配起来的标准预制构件——柱、梁、枋、檩、门、窗、隔扇等等拆卸开来，搬到另一个地方，重新再装配起来，房屋就“搬家”了。

从前盖新房子，在所谓“上梁”的时候，往往可以看到双柱上贴着红纸对联：“立柱适逢黄道日，上梁正遇紫微星。”这副对联正概括了我国世世代代匠师和人民对于房屋结构的基本概念。它说明：由于我国传统的结构方法是一种我们今天所称“框架结构”的方法——先用柱、梁搭成框架；在那些横梁直柱所形成的框框里，可以在需要的位置上，灵活地或者砌墙，或者开门开窗，或者安装隔扇，或者空敞着；上层楼板或者屋顶的重量，全部由框架的梁和柱负荷。可见柱、梁就是房屋的骨架，立柱上梁就成为整座房屋施工过程中极其重要的环节，所以需要挑一个“黄道吉日”，需要“正遇紫微星”的良辰。

从殷墟遗址看起，一直到历代无数的铜器和漆器的装饰图案、墓室、画像石、明器、雕刻、绘画和建筑实例，我们可以得出结论：这种框架结构的方法，在我国至少已有三千多年的历史了。

在漫长的发展过程中，世世代代的匠师衣钵相承，积累了极其丰富的经验。到了汉朝，这种结构方法已臻成熟；在全国范围内，不但已经形成了一个高度系统化的结构体系，而且在解决结构问题的同时，也用同样高度系统化的体系解决了艺术处理的问题。由于这种结构方法内在的可能性，匠师们很自然地就把设计、施工方法向标准化的方向推进，从而使得预制和装配有了可能。

至迟从唐代开始，历代的封建王朝，为了统一营建的等级制度，保证工程质量，便利工料计算，同时还为了保证建筑物的艺术效果，在这一结构体系下，都各自制订一套套的“法式”“做法”之类。到今天，在我国浩如烟海的古籍遗产中，还可以看到两部全面阐述建筑设计、结构、施工的高度系统化的术书——北宋末年的《营造法式》[①]和清雍正年间的《工部工程做法则例》[②]。此外，各地还有许多地方性的《鲁班经》《木经》之类。它们都是我们珍贵的遗产。

《营造法式》是北宋官家管理营建的“规范”。今天的流传本是“将作少监”李诫“奉敕[chì]”重新编修的，于哲宗元符三年（1100年）成书。全书

①《营造法式》，商务印书馆，1919年石邱明手抄本，1929年仿宋重核本——作者注。

②《工部工程做法则例》，清雍正间工部颁行本——作者注。

三十四卷，内容包括“总释”、各“作”（共十三种工种）的“制度”“功限”（劳动定额）、“料例”和“图样”。在序言和“劄子”里，李诫说这书是“考阅旧章，稽参众智”，又“考究经史群书，并勒人匠逐一讲说”而编修成功的。在八百六十多年前，李诫等不但总结了过去的“旧章”和“经史群书”的经验，而且“稽参”了文人和工匠的“众智”，编写出这样一部具有相当高度系统性、科学性和实用性的技术书，的确是空前的。

从这部《营造法式》中，我们看到它除了能够比较全面综合地考虑到各作制度、料例、功限问题外，联系到上次《随笔》中谈到的重复与变化的问题，我们注意到它还同时极其巧妙地解决了装配式标准化预制构件中的艺术性问题。

《营造法式》中一切木结构的“制度”“皆以材为祖。材有八等，度屋之大小，因而用之”。这“材”既是一种标准构材，同时各等材的断面的广（高度）厚（宽度）以及以材厚的十分之一定出来的“分”

又都是最基本的模数。“凡屋宇之高深，名物（构件）之短长，（屋顶的）曲直举折之势，规矩绳墨之宜，皆以所用材之分，以为制度焉”。从“制度”和宋代实例中看到，大至于整座建筑的平面、断面、立面的大比例、大尺寸，小至于一件件构件的艺术处理、曲线“卷杀”，都是以材分的相对比例而不是以绝对尺寸设计的。这就在很大程度上统一了宋代建筑在艺术形象上的独特风格的高度共同性。当然也应指出，有些构件，由于它们本身的特殊性质，是用实际尺寸规定的。这样，结构、施工和艺术的许多问题就都天衣无缝地统一解决了。同时我们也应注意到，“制度”中某些条文下也常有“随宜加减”的词句。在严格“制度”下，还是允许匠师们按情况的需要，发挥一定的独创的自由。

清《工部工程做法则例》也是同类型的“规范”，雍正十二年（1734年）颁布。全书七十四卷，主要部分开列了二十七座不同类型的具体建筑物和十一等大小斗栱的具体尺寸，以及其他各作“做法”

和工料估算法，不像“法式”那样用原则和公式的体裁。许多艺术加工部分并未说明，只凭匠师师徒传授。北京的故宫、天坛、三海、颐和园、圆明园（1860年毁于英法侵略联军）等宏伟瑰丽的组群，就都是按照这“千篇一律”的“做法”而取得其“千变万化”的艺术效果的。

今天，我们为了多快好省地建设社会主义，设计标准化、构件预制工厂化、施工装配化是我们的方向。我们在“适用”方面的要求越来越高，越多样化、专门化；无数的新材料、新设备在等待着我们使用；因而就要求更新、更经济的设计、结构和施工技术；同时还必须“在可能条件下注意美观”。我们在“三化”中所面临的问题比古人的复杂、繁难何止百十倍！我们应该怎样做？这正是我们需要研究的问题。

（本文原载《人民日报》1962年7月8日第六版）

拙匠随笔（五）

从拖泥带水到干净利索

“结合中国条件，逐步实现建筑工业化”。这是党给我们建筑工作者指出的方向。我们是不可能靠手工业生产方式来多快好省地建设社会主义的。

十九世纪中叶以后，在一些技术先进的国家里生产已逐步走上机械化生产的道路。唯独房屋的建造，却还是基本上以手工业生产方式施工。虽然其中有些工作或工种，如土方工程，主要建筑材料的生产、加工和运输，都已逐渐走向机械化；但到了每一栋房屋的设计和建造，却还是像千百年前一样，由设计人员各别设计，由建筑工人用双手将一块块砖、一块块石头，用湿淋淋的灰浆垒砌；把一副副的桁架、梁、柱，就地砍锯刨凿，安装起来。这样设计，这样施工，自然就越来越难以适应不断发展的生产和生活的需要了。

第一次世界大战后，欧洲许多城市遭到破坏，亟待恢复、重建，但人力、物力、财力又都缺乏，建筑师、工程师们于是开始探索最经济地建造房屋的途径。这时期他们努力的主要方向在摆脱欧洲古典建筑的传统形式以及繁缛雕饰，以简化设计施工的过程，并且在艺术处理上企图把一些新材料、新结构的特征表现在建筑物的外表上。

第二次世界大战中，造船工业初次应用了生产汽车的方式制造运输舰只，彻底改变了大型船只各别设计、各别制造的古老传统，大大地提高了造船速度。从这里受到启示，建筑师们就提出了用流水线方式来建造房屋的问题，并且从材料、结构、施工等各个方面探索研究，进行设计。“预制房屋”成了建筑界研究试验的中心问题。一些试验性的小住宅也试建起来了。

在这整个探索、研究、试验，一直到初步成功，开始大量建造的过程中，建筑师、工程师们得出的结论是：要大量、高速地建造就必须利用机械施工；要机械施工就必须使建造装配化；要建造装配化就必须将构件在工厂预制；要预制构件就必须使构件的型类、规格尽可能少，并且要规格统一，趋向标准化。因此标准化就成了大规模、高速度建造的前提。

标准化的目的在于便于工厂（或现场）预制，便于用机械装配搭盖，但是又必须便于运输；它必须符合一个国家的工业化水平和人民的生活习惯。此外，既是预制，也就要求尽可能接近完成，装配起来后就无需再加工或者尽可能少加工。总的目的是要求盖房子像孩子玩积木那样，把一块块构件搭在一起，房子就盖起来了。因此，标准应该怎样制订？就成了近二十年来建筑师、工程师们不断研究的问题。

标准之制订，除了要从结构、施工的角度考虑外，更基本的是要从适用——亦即生产和生活的需要的角度考虑。这里面的一个关键就是如何求得一些最恰当的标准尺寸的问题。多样化的生产和生活需要不同大小的空间，因而需要不同尺寸的构件。怎样才能使比较少数的若干标准尺寸足以适应层出不穷的适用方面的要求呢？除了构件应按大小分为若干等级外，还有一个极重要的模数问题。所谓“模数”就是一座建筑物本身各部分以及每一主要构件的长、宽、高的尺寸的最大公分数。每一个重要尺寸都是这一模数的倍数。只要在以这模数构成的“格网”之内，一切构件都可以横、直、反、正、上、下、左、右地拼凑成一个方整体，凑成各种不同长、宽、高比的房间，如同摆七巧板那样，以适应不同的需要。管见认为模数不但要适应生产和生活的需要，适应材料特征，便于预制和机械化施工，而且应从比例上的艺术效果考虑。我国古来虽有“材”“分”“斗口”等模数传统，但由于它们只适于木材的手工业加工和殿堂等简单结构，而且模数等级太多，单位太小，显然是不能应用于现代工业生产的。

建筑师们还发现仅仅使构件标准化还不够，于是在这基础上，又从两方面进一步发展并扩大了标准化的范畴。一方面是利用标准构件组成各种“标准单元”，例如在大量建造的住宅中从一户一室到一户若干室的标准化配合，凑成种种标准单元。一幢住宅就可以由若干个这种或那种标准单元搭配布置。另一方面的发展就是把各种房间，特别是体积不太大而内部管线设备比较复杂的房间，如住宅中的厨房、浴室等，在厂内整体全部预制完成，做成一个个“匣子”，运到现场，吊起安放在设计预定的位置上。这样，把许多“匣子”垒叠在一起，一幢房屋就建成了。

从工厂预制和装配施工的角度考虑，首先要解决的是标准化问题。但从运输和吊装的角度考虑，则构件的最大允许尺寸和重量又是不容忽视的。总的要求是要“大而轻”。因此，在吊车和载重汽车能力的条件下，如何减轻构件重量，加大构件尺寸，就成了建筑师、工程师，特别是材料工程师和建筑机械工程师所研究的问题。研究试验的结果：一方面是许多轻质材料，如矿棉、陶粒、泡沫矽酸盐、轻质混凝土等等和一些隔热、隔声材料以及许多新的高强轻材料和结构方法的产生和运用；一方面是各种大型板材（例如一间房间的完整的一面墙作成一整块，包括门、窗、管、线、隔热、隔声、油饰、粉刷等，一应俱全，全部加工完毕），大型砌块，乃至上文所提到的整间房间之预制，务求既大且轻。同时，怎样使这些构件、板材等接合，也成了重要的问题。

机械化施工不但影响到房屋本身的设计，而且也影响到房屋组群的规划。显然，参差错落，变化多端的排列方式是不便于在轨道上移动的塔式起重机的操作的（虽然目前已经有了无轨塔式起重机，但尚未普遍应用）。本来标准设计的房屋就够“千篇一律”的了，如果再呆板地排成行列式，那么，不但孩子，就连大人也恐怕找不到自己的家了。这里存在着尖锐矛盾。在“设计标准化，构件预制工厂化，施工机械化”的前提下圆满地处理建筑物的艺术效果的问题，在“千篇一律”中取得“千变万化”，的确不是一个容易答解的课题，需要作巨大努力。我国前代哲匠的传统办法虽然可以略资借鉴，但显然是不能解决今天的问题的。但在苏联和其他技术先进的国家已经有了不少相当成功的尝试。

“三化”是我们多快好省地进行社会主义基本建设的方向。但“三化”的问题是十分错综复杂，彼此牵挂联系着的，必须由规划、设计、材料、结构、施工、建筑机械等方面人员共同研究解决。几千年来，建筑工程都是将原材料运到工地现场加工，“拖泥带水”地砌砖垒石、抹刷墙面、顶棚和门窗、地板的活路。“三化”正在把建筑施工引上“干燥”的道路。近几年来，我国的建筑工作者已开始做了些重点试验，如北京的民族饭店和民航大楼以及一些试点住宅等。但只能说在主体结构方面做到“三化”，而在最后加工完成的许多工序上还是不得不用手工业方式“拖泥带水”地结束。“三化”还很不彻底，其中许多问题我们还未能很好地解决。目前基本建设的任务比较轻了。我们应该充分利用这个有利条件，把“三化”作为我们今后一段时期内科学研究的重点中心问题，以期在将来大规模建设中尽可能早日实现建筑工业化。那时候，我们的建筑工作就不要再拖泥带水了。

（本文原载《人民日报》1962年9月9日第六版）

祖国的建筑

开头的话

新中国成立以来，祖国各方面都在进行着有计划的建设：铁路方面有成渝、天兰、宝成、兰新等新路线；水利方面有治淮、荆江分洪和官厅水库等大工程；基本建设遍及全国，在三四年的短期间中，就已经完成了若干千万平方米的建筑物。这些建设的规模和施工速度在我国都是史无前例的。

在基本建设工作中我们遇到了许多问题，其中一个就是在纯工程技术之外，我们的建筑艺术到底向哪个方向走。

我们中国本来有我们中国体系的建筑。但是百余年来，在我国大城市中出现了许多所谓西式建筑，它们具有英、法、美、德等国的不同形式和风格，近二十年来又出现了一些没有民族性的所谓摩登建筑，好像许多方方的玻璃匣子。过去四年中人们对于建筑的民族性的问题有过不少不同的意见。最近由于大家进行了学习、讨论，并且苏联专家热诚地给我们介绍了他们过去的经验，我们的认识才渐趋一致了。现在大家都认为我们的建筑也要走苏联和其他民主国家的路，那就是走“民族的形式，社会主义的内容”的路，而扬弃那些世界主义的光秃秃的玻璃匣子。

我们认识到这个正确方向以后，首先就要研究我国建筑的民族传统。设计民族形式的建筑时，不是找几张古建筑的照片摹仿一下，加一些民族形式的花纹就可以成功的。在设计工作中应用民族形式，需要经过深入和刻苦的钻研。我们必须真正地了解祖国从古到今的建筑遗产，对它们的发展有了相当的认识，掌握了它们的规律，然后才可能推陈出新，创造适合于我们新中国这一伟大时代的新建筑，并且使我国建筑艺术不断地发展和丰富起来。

什么是建筑

研究祖国的建筑，首先要问："什么是建筑?""建筑"这个名词，今天在中国还是含义很不明确的；铁路、水坝和房屋等都可以包括在"建筑"以内。但是在西方的许多国家，一般都将铁路、水坝等称为"土木工程"，只有设计和建造房屋的艺术和科学叫作"建筑学"。在俄文里面，"建筑学"是"архитектура"，是从希腊文沿用下来的，原意是"大的技术"，即包罗万象的综合性的科学艺术。在英、意、法、德等国文中都用这个字。

人类对建筑的要求

人类对建筑的最原始的要求是遮蔽风雨和避免

毒蛇猛兽的侵害，换句话说，就是要得到一个安全的睡觉地方。五十万年前，中国猿人住在周口店的山洞里，只要风吹不着，雨打不着，猛兽不能伤害他们，就满意了，所以原始人对于住的要求是非常简单的。但是随着生产工具的改进和生活水平的提高，这种要求也就不断地提高和变化着，而且越来越专门化了。譬如我们现在居住、学习、工作和娱乐各有不同的建筑。我们对于“住”的要求的确是提高了，而且复杂了。

建筑技术已发展成为一种工程科学

在技术上讲，所谓提高就是人在和自然作斗争的过程中逐步获得了胜利。在原始时代人们所要求的是抵抗风雨和猛兽。各种技术都是为了和自然作斗争，争取生存的更好条件，而在斗争过程中，人们也就改造了自然。在建筑技术的发展过程中，我们的祖先发现木头有弹性，弄弯了以后还会恢复原状，石头很结实，垒起来就可以不倒等现象。远在原始时代，我们的祖先就掌握了最基本的材料力学和一些材料的物理性能。譬如，石头最好是垒起来，而木头需要连在一起用的时候，却最好是想法子把它扎在一起，或用榫头衔接起来。所以我们可以说，在人类的曙光开始的时候，建筑的技术已经开始萌芽了。有一种说法——当然是推测，不过考古学家也同意——认为我们的祖先可能在烧兽肉时，在火堆的四周架了一些石头，后来发现那些石头经过火一烧，就松脆了，再经过水一浇，就发热粉碎而成了白泥样的东西，但过一些时间，它又变硬了，不溶于水了。石灰可能就是这样发现的。天然材料经过了某种物理或化学变化，便变成另外的一种材料，这是人类很早就认识到的。这种人造建筑材料，一直到现在还不断地发展着和增加着。例如门窗用的玻璃，也是用砂子和一些别的材料烧在一起所造成的一种人造建筑材料。人类在住的问题方面不断地和自然作斗争，就使得建筑技术逐渐发展成为一种工程科学了。

建筑是全面反映社会面貌的和有教育意义的艺术

人类有一种爱美的本性。石器时代的人做了许多陶质的坛子和罐子，有的用红土造的，有的用白土或黑土造的，大都画了或刻了许多花纹。罐子本来只求其可以存放几斤粮食或一些水就罢了，为什么要画上或刻上许多花纹呢？人类天性爱美，喜欢好看的东西；人类在这方面的要求也随着文化的发展越来越高。人类对于建筑不但要求技术方面的提高，并且要求加工美化，因此建筑艺术随着文化的提高也不断地丰富起来。

在原始时期，建筑初步形成，发展得很慢，但越往后，发展速度就越快。建筑艺术是随同文化的发展而不停地前进着的。人们的生活水平提高了，也就是人们的物质和精神两方面的要求都提高了，就必定要求建筑在实用上满足更多方面的需要，在艺术方面更优美，更能表达思想内容。

建筑是在各种社会生活和社会意识的要求下产生的，所以当许多建筑在一起时，会把当时的经济、政治和文化的情况多方面地反映出来的。建筑不但可以表现当时的生产力和技术成就，并且可以反映出当时的生产关系、政治制度和思想情况。我们不能不承认它是能多方面地反映社会面貌的艺术创造，而不是单纯的工程技术。

原始时代单座的房屋是为了解决简单的住的问题的。但很快地“住”的意义就渐渐扩大了，从作为住宿用的和为了解决农业或畜牧业生产用的房舍，出现了为了支持阶级社会制度的宫殿和坛庙，出现了反映思想方面要求的宗教建筑和陵墓等。到了近代，又有为了高度发达的工业生产用的厂房，为了社会化的医疗、休息、文化、娱乐和教育用的房屋，建筑的种类就更多，方面也更广了。

很多的建筑物合起来，就变成了一个城市。建筑与建筑之间留出来走路的地方就是街道。城市就是一个扩大的综合性的整体的建筑群。在原始时代，一个村落或城市只有很简单的房屋和一些道路，到了近代，城市就是个极复杂的大东西了。电气设备、卫生工程、交通运输和各种各类的公共建筑物，它们之间的联系和关系，无论是街道、广场、园林或桥梁都和建筑分不开。建筑是人类创造里面最大、最复杂、最耐久的东西。

今天还存在着许多古代的建筑物，像埃及的金字塔和欧洲中古的大教堂等。我们中国两千年前的建筑遗物留到今天的有帝王陵墓和古城等，较近代的有宫殿和庙宇等。一般讲来，这些建筑都是很大的东西。在人类的创造里面，没有比建筑物再大的了。五万吨的轮船，比我们的万里长城小多了。建筑物建立在土地上，是显著的大东西，任何人经过都不可能看不到它。不论是在城市里或乡村里，建筑物形成你的生活环境，同时也影响着你的生活。所以我们说它是有教育作用的东西，有重大意义的东西。譬如说我们到莫斯科看到了地下电车站，通过这车站的辉煌美丽的形象，我们就能感到建造它的时代的伟大和社会主义的优越性。我们不能在那里看见列宁和斯大林本人；但是，你走进去，会受到许多列宁和斯大林所教导的思想教育。这种建筑物，目的是为劳动大众服务的，它的美丽和舒适反映了社会主义的优越的文化。我还可以举莫斯科大学为例，通过那么一座建筑，我们就具体地看到了将来共产主义城市的一部分。这种建筑对人民起了极大的教育和鼓舞作用。这座建筑上高度的艺术性所表现的是社会主义的思想、社会主义的政治和经济所可能产生出来的事物。见到它的人就体会到，只要我们朝这个方向走，中国的将来也能和苏联一样美好，建筑在人类社会生活里面起的作用就是这样的一种作用。它不但是社会里各种事物中的一个显著的东西，它还全面地反映了那个社会的本质。

建筑是有民族性的

莫斯科大学的形式是由俄罗斯传统发展出来的，是具有俄罗斯的民族形式的。在苏联其他共和国，我们看见的是其他民族的形式，这种情形帮助我们明确认识社会主义的建筑是有民族性的。我们在俄罗斯所看到的建筑，是俄罗斯劳动人民创造出来的，一代又一代继续着俄罗斯传统而发展来的，所以没有一所像天安门那样的建筑物。因为天安门那种形式是中国劳动人民所创造的，它有它的传统，继承这个优良传统而发展起来的建筑，就会有中国的特征。这说明各个国家的建筑可以有同样的社会主义内容，但是可以各有不同的艺术上的民族形式。当然我们也许在苏联盖一所中国民族形式的中华人民共和国大使馆，苏联也可以在中国盖一个俄罗斯民族形式的展览馆。可是我们不能无端把苏联形式的房子盖在中国，或在苏联用中国式的房屋作为他们的建筑的一般形式。建筑是在民族传统的基础上不断地发展变化着的。只有在我们被侵略，被当作半殖民地的时代，我们的城市中才会有各式各样的硬搬进来的“洋式”建筑，如在上海或天津那样。

第二次世界大战结束以后，民主德国在东柏林计划并重建了一条主要大道，整齐地盖了许多具有德意志民族形式的房子。西柏林也盖了一些房子，都是美国近年流行的玻璃匣子式的，样子五花八门，却丝毫没有德意志民族的风格。从西柏林到东柏林来的人，看到了继承德意志民族传统的新建筑，感叹地说：“这才是回到祖国来了!”这是建筑物在人们精神上起巨大作用的一例。

中国建筑有悠久的传统和独特的做法与风格

我们中国建筑的传统的特征是什么呢?

我们中国的建筑，以单座的建筑来分析，一般都有三个部分：下面有台子，中间有木构屋身，上面有屋顶。几座这样个别的房屋，就组成了庭院。具有这样的基本构成部分的房屋，已经有3500年的历史了。考古学家在河南安阳县殷墟发现了一些土台子，在土台子上面有许多柱础，它们的行列和距离非常整齐。石卵上面有许多铜盘（后来叫做‘櫍’）。在铜盘的上面或附近有许多木炭，直径约15厘米到20厘米。显然那木炭是经过焚烧的木柱，而那些石卵和铜质就是柱础。这个建筑大约是在武王伐纣的时候（公元前1122年）烧掉的，在抗日战争以前被考古学家发掘出来了，并已证明是殷朝的遗物。这就是说，我们确实知道由殷朝起已有在土台子上面立上柱子用以承托屋顶的这种建筑形式。我们从另一些文献上也能考证出来这种形式。《史记》上说，尧的宫殿“堂高三尺，茅茨不剪”。“堂”就是台子，用茅草覆在房顶上，中间是用木材盖起来的。

几千年以来，我们一直应用木材构成一种“框架结构”，起先很简单，但古代的匠人把这部分发展了，渐渐有了一定的规矩，总结出来了许多巧妙合理的做法，制定了一些标准。我们从宋朝一本讲建筑的术书“营造法式”里面，知道了当时的一些基本法则（图1、图2）。

在这些法则中，我们要特别提到一种用中国建筑所特有的方法所构成的构件——斗栱。在一付框架结构中，在立柱和横梁交接处，在柱头上加上一层层逐渐挑出的称作“栱”的弓形短木，两层栱之间用称作“斗”的斗形方木块垫着。这种用栱和斗构成的综合构件叫做“斗栱”。它是用以减少立柱和横梁交接处的剪力，以减少梁的折断的可能性的。在汉、晋、六朝时代，它还被用来加固两条横木的衔接处。简单的只在斗上用一条比栱更简单的“替木”。这种斗栱大多由柱头挑出去承托上面的各种结构，如屋檐、上层楼外的“平坐”（露台）、屋内的梁架，楼井和栏杆等。斗栱的装饰性很早就被发现了，不但在木结构上得到了巨大的发展，而且在砖

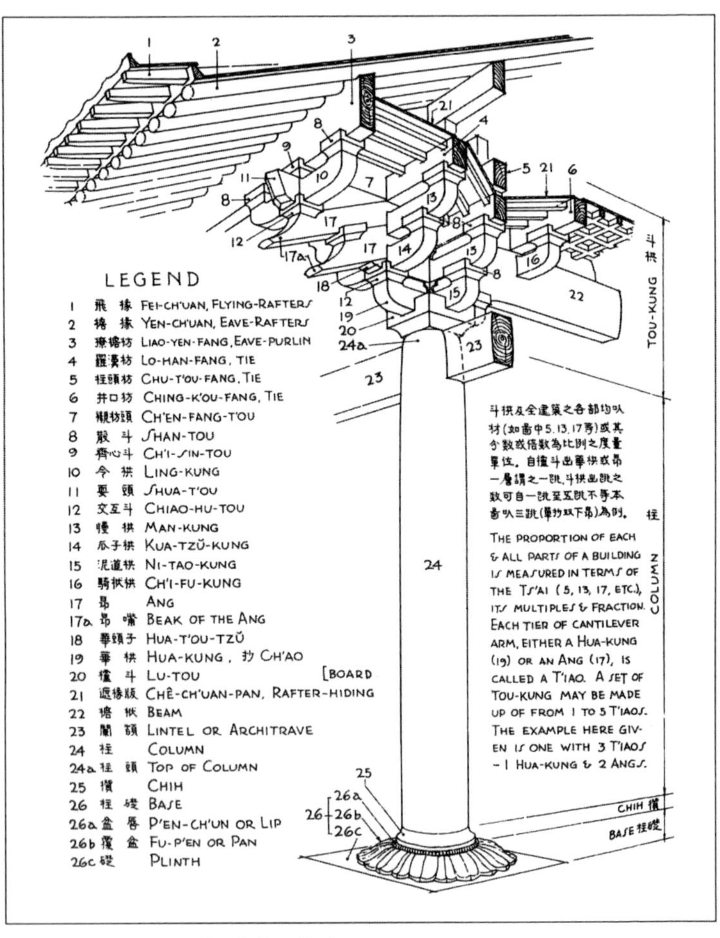

图1　中国建筑中的斗栱、檐柱和柱础

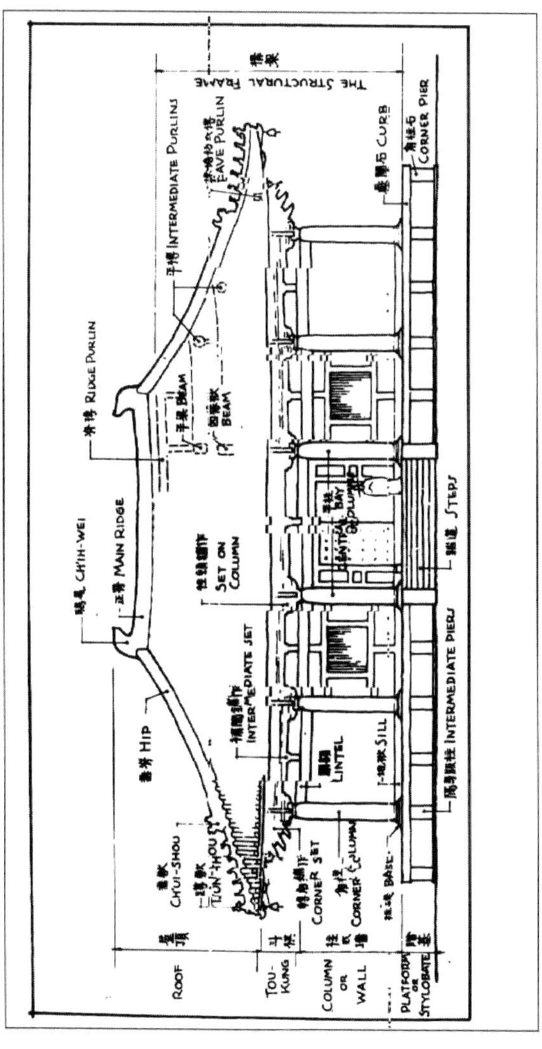

图2 中国建筑主要部分名称图

图3 西康雅安高颐阙（汉）

石建筑上也普遍地应用，成为中国建筑中最显著的特征之一。从春秋战国（公元前722—前481年）的铜器上，我们就看到有这种斗栱的图形。在四川的许多汉代（公元前206—公元220年）石阙（图3）和崖墓中，也能看到这样的斗栱。

在朝鲜平安南道有些相当于我国晋朝时代的坟

墓，墓中是用建筑的处理手法来装饰的。这些墓内有柱子，在旁边墙壁上画了斗栱。并在两斗栱间用“人字形栱”。北魏（公元398—550年）的云冈石窟，保存到今天，我们可以看到当时建筑的形状：三间的殿堂，八角形的柱子，柱头上边有斗栱，上面有椽有瓦（图4）。从这样一些古代各个时代留下来的实物中，我们知道我国古代的建筑很早就已形成了

图4　山西大同云冈石窟殿形壁龛（北魏）

自己一套的做法和风格了。

我觉得建筑的各种做法的规则很像语言文字上的“文法”。文法有时候是不讲道理的东西。例如：俄文的名词有六个格，在字的尾巴上变来变去。我们的汉文就没有这些，但是表情达意也很清楚。为什么俄文字尾就要变来变去，汉文就不变，似乎毫无道理。可是它是由习惯发展来的、实际存在的一种东西。你要表达你的感情，说明问题，你就得用它。建筑上的各部分的处理也同文法一样，有一些一定的组合的惯例。几千年以来，各民族的建筑都不是一样的；即使大家都用柱子、梁和椽子，但各民族处理柱子、梁和椽等的方法一般地都不一样。每个民族的建筑形式虽然也随时代而有所不同，但总是有那么一个规则被遵循着。这种规则虽不断地发展，不是一成不变的，但基本特征总是传留下来，逐渐改变，从不会一下子就完全变了样。

在各民族的语言里都有许多意义相当的词，例如，英语里有“column”一词相当于我们的“柱”

字的意思。在各国的建筑上也有许多构件具有同样的作用与意义，但是样子却不一样。有许多不同的建筑上的构件，有如各国语言中的字那样不同。把它们组织起来的方法也都不同，有如各国言语的文法不同。瓦坡、墙面、柱子、廊子、窗子和门洞组成了许多不同的建筑物，也很像由字写成不同的文章。但因为文法的不同，希腊的就和意大利的不同，意大利的又和我们的不同。总之各国的建筑都是各自为解决生活上不同的需要，反映着不同的心理特点和习惯，形成了自己的特征，并且逐渐发展而丰富起来的。

唐、宋和元的木构建筑

现在让我们把现在还存在的祖国历代的建筑提出几个典型的来看看。我们所已知道的中国最古的木建筑物是公元857年（唐）造的，就是山西五台山豆村镇的一所大寺院佛光寺的大殿（图5），再过

图5　山西五台山佛光寺大殿
（唐，公元857年）

3年它就满1100年了（去年又发现了一座比它更古的，尚未调查）[1]。佛光寺大殿下面有很高的台基。殿正面是一列柱子，柱子之上由雄大的斗栱托着瓦檐，木构组织简单壮硕。上面是中国所特有的那种四坡屋顶，体形简朴而气魄雄壮。内部斗栱由柱头一层层地挑出来，承在梁底，使得梁的跨度减少，不但使结构安全，并且达到高度的艺术效果，真是横跨如虹。这种拱起来略有曲度的梁，宋以后称作“月梁”，大概是像一弯新月的意思。这里由柱头挑出来的斗栱是结构上的重要部分，但同时又是很美的装饰部分。这样工程结构和建筑上丰富的美感有机地统一着，是我们祖国建筑的优良传统。唐朝的佛光寺大殿的斗栱，和后代如明、清建筑上我们所常见的有何不同呢？第一，唐朝的尺寸大，和柱子的高度比起来在比例上也大得多；并且只在柱头上用它，柱与柱之间横额上只有较小的附属的小组斗

① 指山西五台山南禅寺。

栱。这里只有向前出挑的华栱数层，没有横栱的做法，叫做“偷心”，这是宋以前结构的特点，能承托重量，显得雄壮有力。

图6　河北蓟县独乐寺观音阁（辽，公元984年）

北京以东约85公里蓟县独乐寺中的一座观音阁（图6），是我们第二个最古的木建筑。这座建筑物比刚才的那座大殿规模更大，而在塑形上有生动的轮廓线，耸立在全城之上。看起来它是两层，实际上是3层的楼阁，巍巍然，翼翼然，和我们在唐宋画中所见的最接近。这是辽代的建筑实物。它的建筑年代是公元984年。它的木构全部高约22米，也是用了柱、梁和各式各样的斗栱所组织起来的大工程。里面主要是一尊11面观音立像；3层楼是围绕着这立像而建造的，所以四周结构的当中留下一个井一样的地方。为了达到这样一个目的，在结构上就发生一系列需要解决的问题了。由于应用了各种能承重、能出挑的斗栱，就把各层支柱和横梁之间，支柱和伸出的檐廊部分之间的复杂问题解决了。这些斗栱是为了结构的需要被创造的，但同时产生了奇妙的、惊人的、富于装饰性的效果。

山西应县佛宫寺的木塔（图7）高66米，平面八角形，外表5层，内中包括暗楼4层，共有9层。这木塔建于辽代，再过3年它就够900年的高龄了。它之所以能这样长期存在，说明了它在工程技术上的高度成就。在这个建筑上也应用了不同组合的斗栱来解决复杂的多层的结构问题。全塔共用了57种不同的斗栱。塔下部稍宽，上面稍窄，虽然建筑物是高峻的，而体形稳定，气象庄严。它是我国唯一的全木造的塔，又是最古的木结构之一，所以是我们的稀世之宝。

北宋木建筑遗物不多，山西太原晋祠圣母庙一组是现存重要建筑（图8），建于公元11世纪。建筑的标准构材比唐、辽的轻巧，外檐出挑仍很宽，但

图7　山西应县佛宫寺木塔
（辽，公元1056年）

图8　山西太原晋祠圣母庙正殿
（北宋，公元11世纪）

是斗栱却小了一些，每组结合得很清楚，形状很秀丽。全建筑轮廓线也柔和优雅，内部屋架上部很多部分都处理得巧妙细致。

宋画可作为研究宋代建筑的参考。它们虽然是画的，但有许多都非常准确，所有构件和它们的比例都画得很准确。黄鹤楼图就是其中一例。无疑的，宋代木建筑的艺术造形曾到达了极高的成就。

图9　河北曲阳北岳庙德宁殿
（元，公元1260年）

河北正定龙兴寺宋或金初的摩尼殿，体形庞大，在造形方面与轻盈飞动的楼阁不同，结构方面都是很大胆的，总形象非常朴硕顽强。但同画中的黄鹤楼一样，这座殿的四面凸出的抱厦（即房屋前面加出的门廊）和向前的房山（即房屋两端墙上部三角形部分）是宋代建筑的特征。这种特征唐代或已有，但没有在两宋时代普遍，宋以后就比较少见了。这是很美妙的一种建筑处理形式。

河北曲阳县北岳庙元朝建的德宁殿（图9）是1260年建造的。我们看到建筑发展越来越细致。斗栱缩小了，但瓦部总保持着历来所特有的雄伟的气概。木构部分在宋以后所产生的柔和线条，这里也还保持着。但元朝是个经济比较衰落的时代，当时的统治者蒙古族是外族，进入中国后对汉族压迫剥削极重，所以建筑没有得到很大的发展，形象上比宋代的简单得多。

明和清的木构大建筑

明清的木构大建筑，北京故宫一组是最好的代表。北京故宫建筑的整体是明朝的大杰作，但大部都在清朝重建过，只剩几座大殿是例外。太和殿是1697年（清康熙时）重建的。它的后面的中和、保和二殿，都还是明朝的建筑。保和殿在明朝叫作建极殿。今天保和殿檐下牌子金字的底下还隐约可见

“建极殿”的字样。这个紫禁城主要建筑群的位置，形成故宫和北京城的中轴线（图10）。在中轴的两旁还各有一条辅轴：左边是太庙（现在的文化宫），右边是社稷坛（现在的中山公园），两组都是极为美观的建筑组群。太庙的大殿在明朝原是九间，后来改成十一间。（我们猜想这是清弘历[乾隆]为了给他自己的牌位预留位置而改变的。但这次改建不见记录，至今是个疑问。）除大殿有可疑之处外，太庙的全组建筑都是明朝的遗物，工精料美，现在已成为劳动人民文化宫了，人民有权利享受我们祖先最好的劳动果实。右边的社稷坛（中山公园）以祭五谷的神坛为主体，附有两座殿。它们都是明初1420年以前，即明成祖朱棣由南京迁都至北京以前所完成的。这是北京最古的两座殿堂。这两座殿就是现在公园里的中山堂和它的后面一殿，到现在它们都已经530多年了，仍然完整坚固，一切都和新的一样。新中国成立以后，它已成为北京市各界人民代表会议的会场。从前是封建主祭祀用的殿堂，现在却光荣地为

图10　从飞机上俯瞰北京紫禁城与景山

人民服务了。这也说明有些伟大的建筑并不被时代所局限，到了另一时代仍能很好地为新社会服务（图11～图15）。

现在我们不能不提到山东曲阜的孔庙。过去儒教在中国占有极大势力，孔庙是受到特殊待遇的建筑。曲阜的大成殿比起太和殿来要小些，它的前廊却用有极其华丽的雕龙白石柱子，在艺术方面使人得到另一种感觉（图16）。大成殿前大成门外的奎文阁是1504年（明弘治时）的一座重层建筑物，和独乐寺辽代的观音阁属于同一类型，但在艺术造形上，它们之间是有差别的。奎文阁没有观音阁那样的豪放、雄伟和顽强的气概。这个时期的一般艺术和唐宋的相比，都显得薄弱和拘束。

除了故宫的宫殿以外，我们还可以看看北京外

图11　故宫太和殿
（清，公元1697年）

图12　故宫太和门

图13　太和殿前的铜狮

图14　北京故宫（明、清）

图15　紫禁城角楼

图16　山东曲阜孔庙大成殿（清）

城的另一种纪念性建筑物。首先是天坛（图17~图19）。天坛是庄严肃穆地祭天的地方，很大的地址上只盖了很少数的建筑物，这是它布局的特点。天坛肃穆庄严到极点，而明朗宏敞，好像真能同天接近。周围用美丽的红墙围着，北头是圆的，南头是方的，以象征“天圆地方”。内中一条中轴线上，最南一组是3层白石的圆台，叫做“圜丘”，是祭天的地方。北面有精致的圆墙围绕的一组建筑，就是“皇穹宇”，是安放牌位的，后面沿石墁的甬道约600米到祈年门、祈年殿和两配殿。此外除了一些斋宫、神库之外，就没有其他建筑，只有密茂的柏树林围绕着。这组建筑的艺术效果是和故宫大不相同的。苏联建筑专家阿谢普可夫教授来到北京以后，说过几句很有意思的话：“中国建筑有明确的思想性，天坛是天坛，北海是北海。”接着他解释说：“天坛，我愿意一个人去；北海，我愿意带我的小孩子去。”他的话说明了他对建筑体会得非常深刻：他愿意独自去天坛，因为那是个非常庄严肃穆的地方；他愿

图17　北京天坛祈年殿

图18　祈年殿之一角

图19　祈年殿内顶部藻井

意带着小孩子去北海，因为北海的布局富有变化的情趣，是适宜于游玩的大花园。祈年殿、皇穹宇和圜丘不惟塑形极美，且因平面是圆的，所以在结构上是中国所少有的。它们怎样发挥中国的结构方法，怎样运用传统的“文法”以灵活应付特殊条件，就更值得重视了。

中国建筑的特殊形式之一
——塔

现在说到砖石建筑物，这里面最主要的是塔。也许同志们就要这样想了：“你谈了半天，总是谈些封建和迷信的东西。”但是事实上在一个阶级社会里，一切艺术和技术主要都是为统治阶级服务的。过去的社会既是封建和迷信的社会，当时的建筑物当然是为封建和迷信服务的；因此，中国的建筑遗产中，最豪华的、最庄严美丽的、最智慧的创造，总是宫殿和庙宇。欧洲建筑遗产的精华也全是些宫

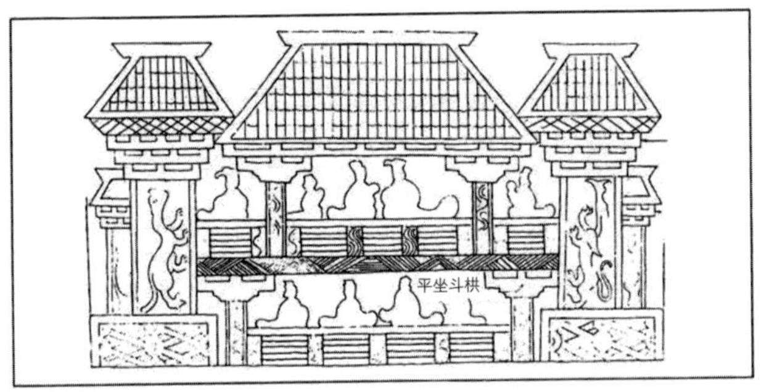

图20　汉画像石中的重楼与双阙

殿和教堂。

在一个城市中，宫殿的美是可望而不可及的，而庙宇寺院的美，人民大众都可以欣赏和享受。在寺院建筑中，佛塔是给人民群众以深刻的印象的。它是多层的高耸云霄的建筑物，全城的人在遥远的地方就可以看见它。它是最能引起人们对家乡和祖国的情感的。佛教进入中国以后，这种新的建筑形式在中国固有的建筑形式的基础上产生而且发展了。

在佛教未到中国以前，我们的国土上已经有过

图21　山西大同云冈石窟所表现的北魏木塔形式（公元450—500年）

一种高耸的多层建筑物，就是汉代的“重楼”（图20）。秦汉的封建主常常有追求长生不老和会见神仙的思想；幻想仙人总在云雾缥缈的高处，有“仙人好楼居”的说法，因此建造高楼，企图引诱仙人下降。佛教初来的时候，带来了印度“窣堵坡”的概念和形象——一个座上覆放着半圆形的塔身，上立一根“刹”杆，穿着几层“金盘”。后来这个名称首先失去了“窣”字，“堵坡”变成“塔婆”，最后省去“婆”字而简称为“塔”。中国后代的塔，就是在重楼的顶上安上一个“窣堵坡”而形成的。

单层塔

云冈的浮雕中有许多方形单层的塔（图21），可能就是中国形式的“窣堵坡”：半圆形的塔身改用了单层方形出檐，上起方锥形或半圆球形屋顶的形状。山东济南东魏所建的神通寺的“四门塔”（图22）就是这类“单层塔”的优秀典型。四门塔建于公元544年，是中国现存的第二古塔，也是最古的石塔。这时期的佛塔最通常的是木构重楼式的，今天已没有存在的了。但是云冈石窟壁上有不少浮雕的这种类型的塔，在日本还有飞鸟时代（中国隋朝）的同型实物存在。

中国传统的方形平面与印度窣堵坡的圆形平面是有距离的。中国木结构的形式又是难以做成圆形平面的，所以唐代的匠师就创造性地采用了介乎正方与圆形之间的八角形平面。单层八角的木塔见于敦煌壁画，日本也有实物存在。河南嵩山会善寺的净藏禅师墓塔是这种仿木结构八角砖塔的最重要的遗物（图23）。净藏禅师墓塔是一座不大的单层八角

图22　山东历城神通寺四门塔
（东魏，公元544年）

图23　河南嵩山会善寺净藏墓塔
（唐，公元745年）

砖塔，公元745年（唐玄宗时）建。这座塔上更忠实地砌出木结构的形象，因此就更亲切地充满中国建筑的气息。在中国建筑史中，净藏禅师墓塔是最早的一座八角塔。在它出现以前，除去一座十二角形和一座六角形的两个孤例之外，所有的塔都是正方形的。在它出现以后约200年，八角形便成为佛塔最常见的平面形式。所以它的出现在中国建筑史中标志着一个重要的转变。此外，它也是第一个用须弥座做台基的塔。它的“人”字形的补间斗栱（两个柱头上的斗栱之间的斗栱），则是现存建筑中这种构件的唯一实例。

重楼式塔

初期的单层塔全是方形的。这种单层塔几层重叠起来，向上逐层逐渐缩小，形象就比较接近中国原有的“重楼”了，所以可称之为“重楼式”的砖石塔。

西安大雁塔是唐代这类砖塔的典型（图24）。它的平面是正方的，塔身一层层地上去，好像是许多单层方屋堆起来的，看起来很老实，是一种淳朴平稳的风格，同我们所熟识的时代较晚的窈窕秀丽的风格很不同。这塔有一个前身。玄奘从印度取经回来后，在长安慈恩寺从事翻译，译完之后，在公元652年盖了一座塔，作为他藏经的“图书馆”。我们可以推想，它的式样多少是仿印度建筑的，在那时是个新尝试。动工的时候，据说这位老和尚亲身背

图24　陕西西安市大雁塔（唐，公元701—704年）

图25　陕西西安兴教寺玄奘塔（唐，公元669年）

了一筐土，绕行基址一周行奠基礼；可是盖成以后不久，不晓得什么原因就坏了。公元701到704年间又修起这座塔，到现在有1250年了。在塔各层的表面上，用很细致的手法把砖石处理成为木结构的样子。例如用砖砌出扁柱，柱身很细，柱头之间也砌出额枋，在柱头上用一个斗托住，但是上面却用一层层的砖逐层挑出（叫作“叠涩”），用以代替瓦檐。建筑史学家们很重视这座塔。自从佛法传入中国，建筑思想上也随着受了印度的影响。玄奘到印度取了经回来，把印度文化进一步介绍到中国，他盖了这座塔，为中国和印度古代文化交流树立了一座庄严的纪念物。从国际主义和文化交流历史方面看，它是个非常重要的建筑物。

属于这类型的另一例子，是西安兴教寺的玄奘塔（图25）。玄奘死了以后，就埋在这里；这塔是墓的标志。这塔的最下一层是光素的砖墙，上面有用砖刻出的比大雁塔上更复杂的斗栱，所谓“一斗三升”的斗栱。中间一部伸出如蚂蚱头。

资产阶级的建筑理论认为建筑的式样完全决定于材料，因此在钢筋水泥的时代，建筑的外形就必须是光秃秃的玻璃匣子式，任何装饰和民族风格都不必有。但是为什么我们古代的匠师偏要用砖石做成木结构的形状呢？因为几千年来，我们的祖先从木结构上已接受了这种特殊建筑构件的形式，承认了它们的应用在建筑上所产生的形象能表达一定的情感内容。他们接受了这种形式的现实，因为这种形式是人民所喜闻乐见的。因此当新的类型的建筑物创造出来时，他们认为创造性地沿用这种传统形式，使人民能够接受，易于理解，最能表达建筑物的庄严壮丽。这座塔建于公元669年，是现存最古的一座用砖砌出木结构形式的建筑。它告诉我们，在那时候，智慧的劳动人民的创造方法是现实主义的，不脱离人民艺术传统的。这个方法也就是指导古代希腊由木构建筑转变到石造建筑时所取的途径。中国建筑转成石造时所取的也是这样的途径。我们祖国一方面始终保持着木构框架的主要地位，没有用砖石结构来代替它；同时在佛塔这一类型上，又创造性地发挥了这方法，以砖石而适当灵巧地采用了传统木结构的艺术塑形，取得了光辉成就。古代匠师在这方面给我们留下不少卓越的范例，正足以说明他们是怎样创造性运用遗产和传统的。

图26　河北定县开元寺料敌塔
（北宋，公元1001年）

河北定县开元寺的料敌塔（图26）也属于“重楼式”的类型，平面是八角形的，轮廓线很柔和，墙面不砌出模仿木结构形式的柱枋等。这塔建于公元1001年。它是北宋砖塔中重楼式不仿木结构形式的最典型的例子。这种类型在华北各地很多。

河南开封祐国寺的“铁塔”建于公元1044年，也属于“重楼式”的类型（图27、图28）。它之所以被称为“铁塔”是因为它的表面全部用“铁色琉璃”做面砖。我们所要特别注意的就是在宋朝初年初次出现了使用特制面砖的塔，如公元977年建造的开封南门外的繁塔和这座“铁塔”。而“铁塔”所用的是琉璃砖，说明一种新材料之出现和应用。这是一个智慧的创造，重要的发明。它不仅显示材料、技术

图27　河南开封祐国寺铁色琉璃塔（北宋，公元1044年）

图28　铁色琉璃塔细部

图29　浙江杭州灵隐寺双石塔（五代，公元960年）

上具有重大意义的进步而且因此使建筑物显得更加光彩，更加丰富了。

重楼式中另一类型是杭州灵隐寺的双石塔（图29），它们是五代吴越王钱弘俶在960年扩建灵隐寺时建立的。在外表形式上它们是完全仿木结构的，处理手法非常细致，技术很高。实际上这两“塔”仅各高10米左右，实心，用石雕成，应该更适当地叫它们做塔形的石幢。在这类型的塔出现以前，砖石塔的造形是比较局限于砖石材料的成规做法的。这塔的匠师大胆地用石料进一步忠实地表现了人民所喜爱的木结构形式，使佛塔的造形更丰富起来了。

完全仿木结构形式的砖塔在北方的典型是河北涿县（今涿州市）的双塔（图30）。两座塔都是砖石

图30　河北涿县双塔
（辽，公元1090年）

建筑物，其一建于公元1090年（辽道宗时）。在表面处理上则完全模仿应县木塔的样式，只是出檐的深度因为受材料的限制，不能像木塔的檐那样伸出很远；檐下的斗栱则几乎同木构完全一样，但是挑出稍少，全塔就表现了砖石结构的形象，表示当时的砖石工匠怎样纯熟地掌握了技术。

密檐塔

另一类型是在较高的塔身上出层层的密檐，可以叫它作“密檐塔”。它的最早的实例是河南嵩山嵩岳寺塔（图31）。这塔是公元520年（南北朝时期）建造的，是中国最古的佛塔。这塔一共有15层，平面是十二角形，每角用砖砌出一根柱子。柱子采用

图31　河南嵩山嵩岳寺塔（北魏，公元520年）

印度的样式，柱头柱脚都用莲花装饰。整个塔的轮廓是抛物线形的。每层檐都是简单的“叠涩”，可是每层檐下的曲面也都是抛物线形的。这是我们中国古来就喜欢采用的曲线，是我国建筑中的优良传统。这塔不唯是中国现存最古的佛塔，而且在这塔以前，我们没有见过砖造的地上建筑，更没有见过约40米高的砖石建筑。这座塔的出现标志着这时期在用砖技术上的突进。

和这塔同一类型的是北京城外天宁寺塔（图32）。它是公元1083年（辽）建造的。从层次安排的“韵律”看来，它与嵩岳塔几乎完全相同，但因平面是八角形的，而且塔身砌出柱枋，檐下用砖做成斗栱，塔座做

图32 北京天宁寺塔
（辽，公元1083年）

成双层须弥座，所以它的造形的总效果就与嵩岳寺塔迥然异趣了。这类型的塔至11世纪才出现，它无疑是受到南方仿木结构塔的影响的新创造。这种特殊形式的密檐塔，较早的都在河北省中部以北，以至东北各省。当时的契丹族的统治者因为自己缺少建筑匠师，所以“择良工于燕蓟”（汉族工匠）进行建造。这种塔形显然是汉族的工匠在那种情况之下，为了满足契丹族统治阶级的需求而创造出来的新类型。它是两个民族的智慧的结晶。这类型的塔丰富了中国建筑的类型。

属于密檐塔的另一实例是洛阳的白马寺塔，是1175年（金）的建筑物。这塔的平面是正方形的；

在整体比例上第一层塔身比较矮，而以上各层檐的密度较疏。塔身之下有高大的台基，与前面所谈的两座密檐塔都有不同的风格。在12世纪后半，八角形已成为佛塔最常见的平面形式，隋唐以前常见的正方形平面反成为稀有的形式了。

瓶形塔

另一类型的塔，是以元世祖忽必烈在1271年修成的北京妙应寺（白塔寺）（图33）的塔为代表的“瓶形塔”或喇嘛塔。这是西藏的类型。元朝蒙古人把喇嘛教从西藏经由新疆带入了中原，同时也带来了这种类型的塔。这座塔是中国内地最古的喇嘛塔，在修盖的当时是一个陌生的外来类型，但是它

图33　北京妙应寺白塔（元，公元1271年）

图34 琼岛白塔（清）

后来的子孙很多，如北京北海的白塔（图34），就是一个较近的例子。这种塔下面是很大的须弥座，座上是覆钵形的“金刚圈”，再上是坛子形的塔身，称为“塔肚子”，上面是称为“塔脖子”的须弥座，更上是圆锥形或近似圆柱形的“十三天”和它顶上的宝盖，宝珠等。这是西藏的类型，而是蒙古族介绍到中原地区来的，因此它是蒙、藏两族对中国建筑的贡献。

图35　北京真觉寺金刚宝座塔
（明，公元1493年）

台座上的塔群

北京真觉寺（五塔寺）的金刚宝座塔是中国佛塔的又一类型（图35）。这类型是在一个很大的台座上立五座乃至七座塔，成为一个完整的塔群。真觉寺塔下面的金刚宝座很大，表面上共分为五层楼，下面还有一层须弥座。每层上面都用柱子作成佛龛。这塔形是从印度传入的。我们所知道最古的一例在云南昆明，但最精的代表作则应举出北京真觉寺塔。它是1493年（明代）建造的，比昆明的塔稍迟几年。北京西山碧云寺的金刚宝座塔是清乾隆年间所建，座上共立七座塔，虽然在组成上丰富了一些，但在整体布置上和装饰上都不如真觉寺塔的朴实雄伟。

明朝砖石建筑的新发展

在砖石建筑方面，到了明朝有了新的发展。过去，木结构的形式只运用到砖石塔上，到了明朝，将木结构的形式和砖石发券结构结合在一起的殿堂出现了。山西太原永祚寺（双塔寺）的大雄宝殿（图36），以及五台山、苏州等地的所谓“无梁殿”

图36　山西太原永祚寺大雄宝殿

和北京的皇史宬、三座门等都属于这一类。从汉朝起，历代匠师们就开始在各类型的砖石建筑上表现木结构的形式。在崖墓里，在石阙上，在佛塔上，最后到殿堂上，历代都有新的创造，新的贡献，使我们的建筑逐步提高并丰富起来。清朝也有这类型的建筑，例如北京香山静宜园迤南的无梁殿，乃至一些琉璃牌坊，都是在这方向下创造出来的新类型。

世界上最早的空撞券大石桥
——赵州桥

我国隋朝的时候，在建筑技术方面出现了一项伟大的成就，即民歌“小放牛”里面所歌颂的赵州桥（图37）。“小放牛”里说赵州桥是“鲁班爷”修的，说明古代人民已把它的技巧神话化了，其实这桥并不是鲁班修的，而是隋朝的匠人李春建造的。它是一座石造的单孔券大桥，到现在已有1300多年了，仍然起着联系洨水两岸的作用。这桥的单孔券不但是古代跨度最大的券（净跨37.47米），而且李春还创造性地在主券两头各做了两个小券，那就是

图37　河北赵县安济桥（隋）

隋李春建造的一座石造单孔券大桥，据今年已有1300多年的历史。桥净跨为37.47米，主券两头各做两个小券，此桥无论在材料的使用上、结构上、艺术造型上和经济上，都达到了极高的成就。

近代叫做“空撞券”的结构。在西方这样的空撞券桥的初次出现是在1912年，当时被西方称颂为近代工程上的新创造。其实在1300年前就有个李春在中国创造了。无论在材料的使用上、结构上、艺术造型上和经济上，这桥都达到了极高的成就。它说明到了隋朝，造桥的科学和艺术已经有了悠久的传统，因此才能够创造出这样辉煌的杰作。

中国古代的伟大建筑工程之一——长城

我们不能不提到长城（图38），因为它是中国古代的伟大建筑工程之一。西起甘肃安西县（今瓜州县），东抵河北山海关，在绵延2300公里的崇山峻岭和广漠的平原上，它拱卫着当时中国的边疆。它是几百万甚至近千万的劳动人民在长时期中用自己的生命和血汗所造成的。2000年来，它在中国历史的演变过程中曾起过一定的作用。它那壮伟朴实的

图38　万里长城

躯体，踞伏在险要的起伏的山脊上，是古代卓越的工程技术和施工效能的具体表现，同时它本身也就成为伟大的艺术创造，不仅是一堆砖石而已。原来的长城是用黄土和石块筑造的，现在河北、山西北部的一段砖石的城则是明中叶重修的。这一段所用的砖是大块精制的“城砖”。这一次的重修正反映了东北满族威胁的加强，同时也使我们认识到这时期造砖的技术和生产效率已经大大提高了。

中国古代的城市建设

现在我们要谈谈祖国古代的城市建设。从古时我们的城市建设就是有计划的。有计划的城市是我们祖国宝贵的传统。按照“周礼考工记”所说，天子的都城有东西向和南北向的干道各9条，即所谓“九经九纬”；南北干道要同时能并行9辆车子，规模是雄伟的。因为它是封建社会的产物，当然反映封建制度的要求，所以规定大封建主的宫殿在当中，前面是朝廷，后面是老百姓居住和交易的地方，左边是祖宗神庙，右边是土地农作物的神坛。按着这样的制度进行规划，就成了中国历代首都的格式。

唐朝的长安是隋朝开始建造的，在隋朝叫作大兴城，也是参照“周礼”上这个原则布置下来的。它是历史上规模最宏伟的一个城市。长安城也规划成若干条经纬街道，北部的中央是宫城和皇城所在地。皇城是行政区，宫城是大封建主住的地方。皇城的东面有十六个王子居住的“十六宅”。这些都偏在北部。城的南部是老百姓住的地方，而在适中的地点有东西两个市场，也可以说那就是长安城的两个主要的商业区。城的东南角有块洼地，名曲江，风景极好，就成了长安的风景区和“文娱中心”了。

诗人杜甫曾在许多的诗中提到它。我们今天所理解到的是：这个城不仅很有规划条理，而且是历史上最早的有计划地使用土地的城市，反映出当时种种的社会生活和丰富的文化。

驰名世界的古城
——北京

我们祖国另外一个驰名世界的伟大的城市是元朝的大都，它就是今天的北京的基础。我们在这个城市也看到所谓“面朝背市”的格局：前面是皇宫，后面是什刹海，以前水运由东边入城，北上到什刹海卸货，什刹海的两岸是市集中心。但在明朝扩大建设北京的时候，城北水路已淤塞，前面城墙又太近，宫前没有足够的建造衙署的地方，就改建了北面的城墙，南面却从长安街一线向南推出去，到了今天正阳门一线上，让商市在正阳门外发展。这样就把元朝这个城市很彻底地改造了。经过清朝的修建，这个城现在仍是驰名世界的一个伟大的古城。我们为这个城感到骄傲，因为它具体地表现了我们民族的气魄，我国劳动人民的智慧和我国高度发展的文化。

这个城具有从永定门到钟楼和鼓楼的一条笔直的中轴线，它是世界上一种艺术杰作。这条轴线共有8公里长，中间一组又一组的纪念性大建筑，东西两边街道基本上是对称的，庄严肃穆，是任何大都市所少有的大气魄（图39、图40）。西边有湖沼——“三海”，格局稍有变化，但仍取得均衡的效果。这湖沼园林的安排又是一种艺术杰作。当你从两旁有房屋的街道走到三海附近，你就会感到一个突然的转变，使你惊喜。例如我们从文津街走到了北海玉带桥，在这

图39　北京的鼓楼和钟楼（清）

图40　北京前门箭楼（清）

样一个很热闹的城市里，突然一转弯就出来了一个湖波荡漾、楼阁如画、完全出人意外的景色，怎能不令人惊奇呢？不过当时它是皇宫的一部分，很少人能到那里玩赏，今天它成了全民所有的绿化区了。

这个城市的主要特点之一是道路分工明确——有俗语所说的“大街小巷”之别。我们每天可以看见大量的车辆都在大干线上跑，住宅都布置在安静的胡同里。这样的规划是非常科学的。

我们试将中国的建筑和绘画在布局上的特征和欧洲的作一个比较。我觉得西方的建筑就好像西方的画一样，画面很完整，但是一览无遗，一看就完了，比较平淡。中国的建筑设计，和中国的画卷，特别是很长的手卷很相像：用一步步发展的手法，把你由开头领到一个最高峰，然后再慢慢地收尾，比较的有层次，而且趣味深长。北京城这条中轴线把你由永定门领到了前门和五牌楼，是一个高峰。过桥入城，到了中华门，远望天安门，一长条白石板的“天街”，止在天安门前五道桥前，又是一个高峰。然后进入皇城，过端门到达了午门前面的广场。到了这里就到了又一个高峰。在这里我们忽然看见了紫禁城，四角上有窈窕秀丽的角楼，中间五凤楼，金碧辉煌，皇阙嵯峨的形象最为庄严。进入午门又是广场，隔着金水河白石桥就望见了太和门。这里是另一高峰的序幕。过了太和门就到达一个最高峰——太和殿。这可以说是这副长“手卷”的中心部分。由此向北过了乾清宫逐渐收场，到钦安殿、神武门和景山而渐近结束。在鼓楼和钟楼的尾声中，就是“画卷”的终了。

北京城和故宫这样的布局所造成的艺术效果是怎样的呢？当然是气势雄伟，意义深刻的。故宫在以前不是博物院，而是封建时代象征最高统治者的无上权威的地方——皇帝的宫殿。过去的统治阶级是懂得利用建筑的艺术形象为他们的统治服务的。汉高祖刘邦还在打仗的时候，萧何已为他修建了未央宫。刘邦曾发脾气说，战争还未完，那样铺张浪费干什么？萧何却不这么看，他说：“天子以四海为家，非令壮丽无以重威”。这就说明萧何知道建筑艺术是有政治意义的。又如吴王夫差为了掩饰战败，却要“高其台榭以鸣得志”，建筑也被他用作外交上的幌子了。

北京的城市和宫殿正是有计划的、有高度思想性和艺术性的建筑，北京全城的总体的完整性是世界都市计划中的卓越的成就。

中国造园艺术的发展

造园的艺术在中国也很早就得到发展。传说周文王有他的灵囿，内有灵台和灵沼。园内有麋鹿和白鹤，池内有鱼。从秦始皇嬴政以来，历代帝王都

图41　北海九龙壁

图42　远望五龙亭

为自己的享乐修筑了园林。汉武帝刘彻的太液池有“蓬莱三岛”、“仙山楼阁”、柏梁台、金人捧露盘等求神仙的园林建筑和装饰雕刻。宋徽宗赵佶把艮岳万寿山和金明池修得穷极奢侈，成了导致亡国的原因之一。今天北京城内的北海、中海和南海，是在12世纪（金）开始经营，经过元、明、清三朝的不断增修和改建而留存下来的。无疑地它继承了汉代“仙山楼阁”的传统，今天北海琼华岛上还有一个“金人捧露盘”的铜像就可证明这点。北海的艺术效果是明朗、活泼，是令人愉快的（图41、图42）。

著名的圆明园已在1860年（清咸丰时）被英、

法侵略者所焚毁了（图43、图44）。封建帝王营建园苑的最后一个例子就是北京西北郊的颐和园。颐和园也是一个有悠久历史的园子。由于天然湖泊和山势的秀美，从元朝起，统治阶级就开始经营和享受它了。今天颐和园的面貌是清乾隆时期所形成，而在那拉氏（西太后）时期所重建和重修的。

图43 圆明园“大水法”正面
圆明园欧式宫殿（清乾隆）残迹（公元1860年被英、法焚毁）

图44 圆明园长春园海晏堂

颐和园以西山麓下的天然山水——昆明湖和万寿山——为基础。在布局上以万寿山为主体，以昆明湖为衬托。从游览的观点来说，则主要的是身在万寿山，面对昆明湖的辽阔水面；但泛舟游湖的时候则以万寿山为主要景色。这个园子是专为封建帝王游乐享受的，因此在格调上，一方面要求有山林的自然野趣，但同时还要保持着气象的庄严。这样的要求是苛刻的，但是并没有难倒了智慧的匠师们。

那拉氏重修以后的颐和园的主要入口在万寿山之东，在这里是一组以仁寿殿为主的庄严的殿堂，暂时阻挡着湖山景色。仁寿殿之西一组——乐寿堂，则一面临湖，风格不似仁寿殿那样严肃。过了这两组就豁然开朗，湖山尽在眼界中了。由这里，长廊一道沿湖向西行，山坡上参差错落地布置着许多建筑组群。突然间，一个比较开阔的“广场”出现在眼前，一群红墙黄瓦的大组群，依据一条轴线，由湖岸一直上到山尖，结束在一座八角形的高阁上。这就是排云殿、佛香阁的组群，也是颐和园的主要建筑群。这条轴线也是园中唯一的明显的主要轴线。

由长廊继续向西，再经过一些衬托的组群，即到达万寿山西麓。

由长廊一带或万寿山上都可瞭望湖面，因此湖面的对景是极重要的。设计者布置了涵远楼（龙王庙）一组在湖面南部的岛上，又用十七孔白石桥与东岸衔接，而在西面布置了模仿杭州西湖苏堤的长堤，堤上突然拱起成半圆形的玉带桥。这些点缀构成了令人神往的远景，丰富了一望无际的湖面和更远处的广大平原。这样的布置是十分巧妙的。

由湖上或龙王庙北望对岸，则见白石护岸栏杆之上，一带纤秀的长廊，后面是万寿山、排云殿和佛香阁居中，左右许多组群衬托，左右均衡而不是机械地对称。这整座山和它的建筑群，则巧妙地与玉泉山和西山的景色组成一片，正是中国园林布置中“借景”的绝好样本。

万寿山的背面则苍林密茂，碧流环绕，与前山风趣形成强烈的对比。

我们可以说，颐和园是中国园林艺术的一个杰作（图45~图50）。

图45　万寿山上的佛香阁和智慧海

图46　从昆明湖望万寿山

图47　颐和园玉带桥

图48　颐和园长廊

图49　颐和园十七孔桥

图50　从万寿山望昆明湖

图51　苏州网师园明轩　　图52　苏州留园

图53　苏州狮子林

图54　苏州拙政园曲廊

除去这些封建主独享的规模宏大的御苑外，各地地主、官僚也营建了一些私园，其中江南园林尤为有名，如无锡惠山园、苏州狮子林、留园、拙政园等都是极其幽雅精致的（图51～图54）。这些私园一般只供少数人在那里饮酒、赋诗、听琴、下棋，充分地反映了它们的阶级性；但是其中多有高度艺术的处理手法和优美的风格。如何批判吸收，使供广大人民游息之用，就是今后园林设计者的课题了。

中国的陵墓建筑

我们在谈中国建筑的时候，不能不谈到陵墓建筑。

殷墟遗址的发掘，证明3500年前的奴隶主就已为自己建造极其巨大的坟墓了。陕西咸阳一带，至今还存在着几十座周、汉帝王的陵墓，都是巨大的土坟包。

四川许多山崖石上凿出的“崖墓”，说明在汉代坟墓内部已有很多采用了建筑性的装饰。斗栱、梁、枋等都刻在墓门及墓室内部。四川、西康、山东等地的汉墓前多有石阙和石兽。南朝齐、梁帝王的陵墓，则立石碑、神道碑（略似明、清的华表）和天禄、辟邪等怪兽。唐朝帝陵规模极大，陵前多精美的雕刻，其中如唐太宗李世民的昭陵前的“六骏”，是古来就著名的。

明朝以来，采用了在巨大的“宝城”“宝顶”之前配合壮丽的建筑组群的方法，其中最杰出的是河北昌平县（今北京市昌平区）明“十三陵”。

长陵（明成祖朱棣的陵）依山建造，前面有一条长8公里以上的神道，以宏丽的石碑坊开始；其中一段，神道两旁排列着石人石兽，长达800余米。经过若干重的门和桥，到达长陵的稜恩门，门内主要建筑有稜恩殿，大小与故宫太和殿相埒。殿后经过一些门和坊来到宝顶前的“方城”和“明楼”，最后是巨大的宝顶，再后就是雄伟的天寿山——燕山山脉的南部。全部布置和个别建筑的气魄都是宏伟无比的。这个建筑的整体与自然环境的配合，对自然环境的利用，更是令人钦佩的大手笔。

点缀性的建筑小品

在都市的街道、广场或在殿堂的庭院中，往往有许多点缀性的建筑或雕刻。这些点缀品，如同主要建筑一样，不同的民族也各有不同的类型或风格。在中国，狮子、影壁、华表、牌坊等是我们常用的类型（图55、图56），有我们独特的风格。在别的国家也有类似的东西。例如罗马的凯旋门，同我们的琉璃牌坊基本上就是相同的东西，列宁格勒（今圣彼得堡）涅瓦河岛尖端上那对石柱就与天安门前那对华表具有同一功用。石狮子不唯中国有，在欧洲，在巴比伦，它们也常常出现在门前。从这些点缀性建筑“小品”中，我们也可以看到每一个时代、每一个民族都有自己的风格来处理这些相似的东西。

图55　清陵华表

图56　牌坊（清式）

侵略势力把欧洲建筑带到中国来了

随同欧洲资本主义的发展，欧洲的传教士把他们的建筑带到东方来了。18世纪中叶，郎世宁为弘历（乾隆帝）设计了圆明园里的“西洋楼”，以满足大封建主的猎奇心理。这些建筑是西式建筑来到中国的初期实例。1860年，英、法侵略军攻入北京，这几座楼随同圆明园一起遭到悲惨的命运。郎世宁的“西洋楼”虽然采取的是意大利文艺复兴后期的形式，但由于中国工人的创造和采用中国琉璃的面饰，取得了很新颖的风格。

1840年鸦片战争以后，帝国主义侵略者以征服者的蛮横姿态，把他们的建筑生硬地移植到中国的土地上来。完全奴化了的官僚、地主和买办们，对它无条件地接受，单纯模仿，在上海、广州、天津那样的“通商口岸”，那些硬搬进来的形形色色的建筑，竟发育成了杂乱无章的“丛林”；而且甚至传播到穷乡僻壤。新中国成立前一个世纪中，中国土地上比较重要的建筑都充分地表现了半殖民地的特征，那些“通商口岸”的建筑更是其中的典型例子。

我们将来的建筑向哪个方向走

读者也许在想，这里所说的好建筑尽是过去的东西，但是我们将来的建筑应该向哪个方向走呢？毛主席早已给我们指出了方向，《新民主主义论》中“民族的、科学的、大众的文化”一节就是我们行动的指南。那也就是斯大林同志为全世界文艺工作者，包括建筑工作者，所指出的“民族的形式，社会主义的内容”的总方向。苏联各民族的建筑师们在斯大林时期的创作，就是以民族形式来表达社会主义内容的最好的范本。

毛主席在《新民主主义论》中指出了中国过去百年来文化的特征后，指示我们说：“我们要革除的，就是这种殖民地、半殖民地、半封建的旧政治、旧经济和那为这种旧政治、旧经济服务的旧文化。而我们要建立起来的，则是与此相反的东西，乃是中华民族的新政治、新经济和新文化。”（《毛泽东选集》，第636页）。毛主席不惟给我们提出了方向，而且给我们指示了我们所要达到的目标和达到这目标的方法。毛主席说：“这种新民主主义的文化是民族的。它是反对帝国主义压迫，主张中华民族的尊严和独立的。它是我们这个民族的，带有我们民族的特性。它同一切别的民族的社会主义文化和新民主主义文化相联合，建立互相吸收和互相发展的关系，共同形成世界的新文化；但是决不能和任何别的民族的帝国主义反动文化相联合，因为我们的文化是革命的民族文化。”(《毛泽东选集》，第678页)。我们要求我们的新建筑在艺术造形上，无论远看、里看、外看，都明确而肯定地，而不是似是而非和若有若无地。“是我们这个民族的，带有我们民族的特性”。就是要我们的建筑应该能够“把对祖国的具体感觉传达给人。”但是这些建筑绝对不是一座座已经造成的坛、庙、宫殿的翻版，而是从它们传统的艺术造形的基础上发展而来的。在发展的过程中，必须“剔除其封建性的糟粕，吸收其民主性的精华”，且同时吸收了外国建筑的先进科学技术以及他们的艺术造型中的“我们用得着的东西”。

更重要的是我们的新建筑是为广大劳动人民服务的。为了满足劳动人民不断增长的物质的和文化的需要，我们需要创造许多中国历史中从来未有过的建筑类型，如工厂、学校、医院和文化宫等。它们将有一个共同的特征，就是全面地表达对人的关怀。那就是说，这些建筑的内容必须是社会主义的。

我们新中国的建筑必须是具有民族形式和社会主义内容的建筑。

我们应该怎样承受祖国的建筑遗产

读者们也许要问，在中国古代建筑中，什么是精华，什么是糟粕呢？我们将怎样处理它们呢？

在这问题上，我们首先应该分清楚承受历史遗产和创造新的建筑两者之间的区别。

例如我们今天承受了明、清两朝的故宫，是承受了封建时代的一件建筑杰作，如同我们承受了《水浒传》和《红楼梦》那样的封建时代的文学杰作一样。我们承受它们，是作为一件件完整的杰作而承受的。通过它们，我们可以了解当时社会的生活，看见当时劳动人民怎样在当时的条件下创造为当时社会所要求的建筑和表现那时代的思想，以及当时的各种艺术和技术的成就。因此我们必须用历史观点珍惜和爱护它们原来的整体。

但当我们为了创造新的建筑而研究那些遗产时，我们就要批判地去吸收它们的某些优良部分，而剔除其糟粕。一般地说来，它们的糟粕主要在其内容，在其阶级局限性，其次是古代的落后的工程技术所带来的缺点。

再以北京故宫为例：它是为专制的皇帝服务的。午门和太和、中和、保和三殿的一组是为了在朝贺时表现封建主在“万人之上”的尊严而设计的。它有明确的思想内容——为封建统治者服务。但是它却极其成功地表达了这思想内容。它以笔直的中轴线，左右均齐的对称，鲜明壮丽的色彩和壁垒森严的墙垣等取得了这效果。在今天，为了广大人民的需要，为了表达人民的力量，中轴线和对称的布置，壮丽的彩画都是可以吸收利用的。但是那种层层包围的防御性的墙垣就不应再用在人民的建筑上。至于装饰图案中用以象征帝王或迷信的题材是我们的新建筑中所用不着的。山、水、云霞、卷草、花朵之类的花纹，我们可以加以发展而利用。至于历代劳动人民总结经验而创造出来的处理构件的手法——“法式”，即建筑的“文法”，已成为千百年来人民所喜见乐闻的表现方式。用它们的组合所构成的形象，是我们中华民族所喜爱、所熟识、所理解的，并引为骄傲的艺术。我们必须应用它，发展它，来表达我们民族的思想和情感。

中国古代的建筑材料有许多是很好的。例如屋顶的瓦，特别是琉璃瓦，不唯坚固耐用，百年如新，具有优良的去水、隔热的性能，而且颜色鲜艳，所组成的瓦陇和坡面又是很美的艺术造型。但这种瓦的传统制法仍是原始的手工业方式的。敷瓦的方法也是用很厚的泥背垫托，以致增加了梁架上的荷重；这一切不惟结构不合理，且使建筑造价提高。在瓦形的设计方面也有一些缺点，而易使接缝的地方杂草滋生。因此我们如果要发展它，我们的任务就在于设计可以挂在挂瓦条上而不用泥背的瓦，使重量减轻，不生杂草。同时使它的生产机械化，能在工厂中大量制造，并且便于输送到工程地。这就是剔除其糟粕而吸收并发展其精华的办法。

又如古代建筑常常使用精美的雕砖，这些装饰性的砖也是可以用模子压出在工厂中预制的。汉朝的制砖工人发明制造画像砖的方法，他们已在2000年前为我们指示了途径，这是值得我们学习的好范本，问题是在怎样在古法的基础上发展它的优点。

我们不能在此一一分析中国建筑的一切优点和缺点，而且既不可能也不应该机械地将一切都划分为优点或缺点。我们必须先研究我国的建筑遗产，掌握了它的规律，熟识了它的许多特征，在创作过程中加以灵活运用。我们还须注意，同一东西用在这里可以是“精华”；用在那里可能成为“糟粕”。例如彩画的斗栱和雕花的白石栏杆，用在一座大戏院门口可以增加壮丽，若在一般建筑物上到处都用就会显得繁琐复杂，过分铺张，即使是美丽的斗栱和白玉栏杆也就被连累成为“糟粕”了（图57～图60）。

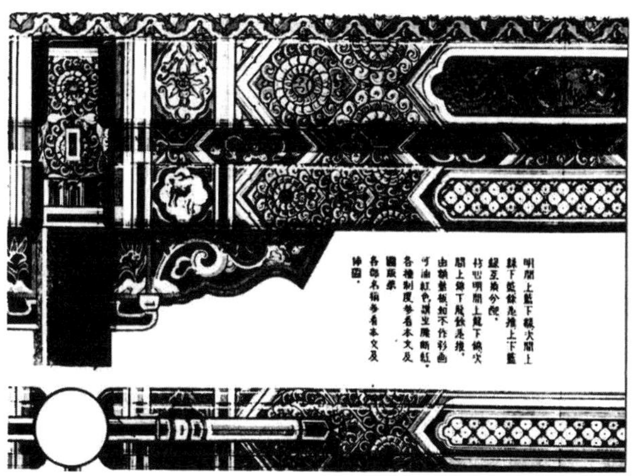

图57　沥粉金琢墨石碾玉彩画（清式）

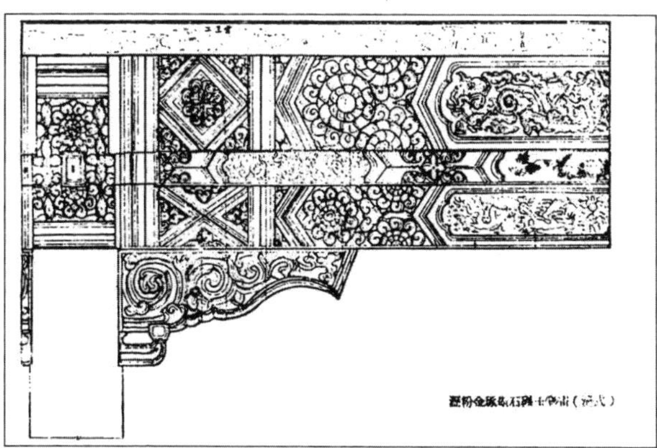

图58　沥粉金琢墨石碾玉彩画（清式）

图59　栏杆柱头四种（清式）

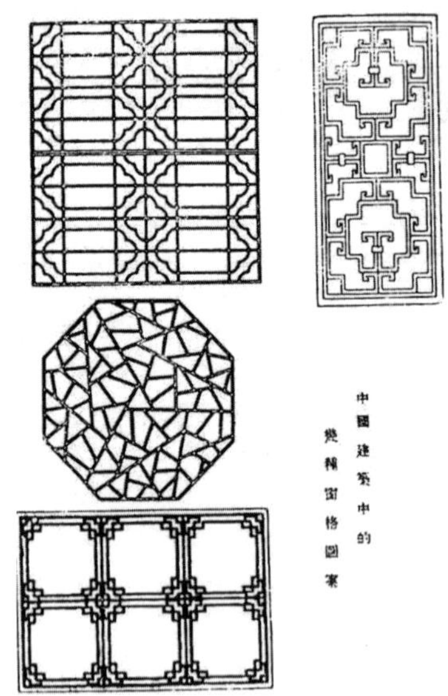

图60　几种窗格图案

新中国的新建筑必须从实际创作中产生出来，而且必须经过一段相当长的摸索时期。这时期的长短，决定于我们对于建筑艺术——一种反映我们这个时代的艺术——的认识，而这个认识取决于我们的思想水平。所以对于一个建筑工作者，马列主义的学习是首要的工作。

其次，这时期的长短决定于我们对于民族建筑传统和规律的掌握的迟速。不掌握规律，不精通，不熟悉，只是得到皮相，或生吞活剥地临时抄袭和硬搬，就难有成就。所以努力向祖国建筑遗产学习是创作的一个先决条件。

新中国建筑师的任务

西方建筑在从封建社会转入资本主义社会以后，已有了几百年发展的历史。19世纪以来科学技术方面的成就为建筑创造了发展的条件。中国在19世纪中叶由封建社会转入半封建半殖民地社会，在科学技术方面，我们落后于西方国家。这情况已经不可掩饰地反映在这百余年中的建筑上。

为了满足广大人民不断增长的物质和文化需要，我们不可能再停留在手工业的生产方式中。我们必须采取标准化的设计，材料和构件的制造必须工厂化，施工则必须机械化。但这“三化”的基础在于我们国家的工业化。建筑方面的建设是不可能超越经济建设的进度而突进的。因此我们建筑工作者目前的任务乃在为重工业服务。而社会主义的工业建筑不仅是厂房、车间的建筑，而且包括工人的居住、文娱、学习、休息的建筑以及公园、广场等。一个二万工人的工厂，连同为工人服务的商店、学校、医院、剧院……中的工作人员，城市行政人员以及他们的眷属，就是一个接近十万人的中等城市。所以为重工业服务也必须建造大量的民用建筑；而民用建筑的大量建造必须先有重工业的基础。建筑工作者必须更深入地学习国家过渡时期的总路线，精通我们的艺术和技术，随同国民经济的进展而稳步前进。过去两年的事实证明：广大人民对于建筑的要求一天比一天提高，对于民族形式的要求也一天比一天迫切；我们若不掌握民族遗产的传统和规律，我们就将落后于人民在这方面的要求。

新中国成立以后，我们的许多建筑师还沉溺在过去半封建半殖民地的思想意识中，已为祖国造成了许多不足以反映这伟大时代的建筑。幸而由于苏联专家的帮助，使我们认识到建筑的思想性、艺术性和民族性（乃至地方性）的重要，从而更深入地学习了毛主席的著作，特别是毛主席关于文艺思想的著作，更认真地学习了苏联先进经验，提高了我们的思想认识。

我们的服务对象是广大人民。我们不再只设计一两座“公馆”“别墅”“银行”“公司”，而是整条街道、整个街坊和整个城市。我们必须面向工农兵，体验他们的生活，了解他们在物质和精神生活上的需要，以近代科学技术上的一切成就，以他们喜闻乐见的形式，为他们创造适宜于生产用的和生活用的物质环境。而我们创造出来的物质环境，又必须是能鼓舞人民群众热爱祖国，鼓舞他们向社会主义的方向努力奋斗的艺术创作。我们的事业是全民的事业。我们的任务是无比光荣的，同时也是极其艰巨的。

毛主席告诉我们："清理古代文化的发展过程，剔除其封建性的糟粕，吸收其民主性的精华，是发展民族新文化，提高民族自信心的必要条件。"但清理古代文化不是少数所谓"建筑史专家"的事情。他们的力量有限，过去虽然曾做了一些工作，但是很不够。我们今天对祖国建筑的知识还是很肤浅的。必须全国的建筑师随时随地地向遗产学习，调查、分析和总结出来，我们的知识才可能逐渐积累起来，丰富起来，为我们的创造打下基础。

两张想象中的建筑图

最后，让我提出两张想象中的建筑图，作为在我们开始学习运用中国古典遗产与民族传统的阶段中所可能采用的一种方式的建议。这两张想象图，一张是一个较小的十字路口小广场，另一张是一座高约35层的高楼

（图61、图62）。在这两张图中，我只企图说明两个问题：

第一，无论房屋大小，层数高低，都可以用我们传统的形式和“文法”处理；

第二，民族形式的取得首先在建筑群和建筑物的总轮廓，其次在墙面和门窗等部分的比例和韵律，花纹装饰只是其中次要的因素。

这两张图都不是任何实际存在的设计，只是形象处理的一种建议。我们在开始的阶段掌握了祖国建筑的规律，将来才有可能创造出更新的东西来。这样做法是否正确，希望同志们给予批评。

我还希望广大群众肯定地承认建筑是一种重要的艺术，而不仅仅是工程。我们建筑师希望大家关心建筑——认识它，监督它，批评它，如同大家对于文学、戏剧、音乐、绘画和雕塑所给予的关心一样。新中国的建筑师们有权要求广大群众给我们以监督和批评，指出建筑创作中的缺点和错误，鼓励正确的创作。必须得到群众的帮助，建筑师才可能创造出民族的、科学的和大众的建筑。

图61　十字路口小广场

图62　35层高楼

（本文系作者在中央科学讲座上的讲演速记稿，1954年10月由中华全国科学技术普及协会出版单行本。）

中国建筑的特征

中国的建筑体系是在世界各民族数千年文化史中一个独特的建筑体系。它是中华民族数千年来世代经验的累积所创造的。这个体系分布到很广大的地区：西起葱岭（今称帕米尔高原），东至日本、朝鲜，南至越南、缅甸，北至黑龙江，包括蒙古人民共和国的区域在内。这些地区的建筑和中国中心地区的建筑，或是同属于一个体系，或是大同小异，如弟兄之同属于一家的关系。

考古学家所发掘的殷代遗址证明，至迟在公元前15世纪，这个独特的体系已经基本上形成了。它的基本特征一直保留到了最近代。三千五百年来，中国世世代代的劳动人民发展了这个体系的特长，不断地在技术上和艺术上把它提高，达到了高度水平，取得了辉煌成就。

中国建筑的基本特征可以概括为下列九点。

（一）个别的建筑物，一般地由三个主要部分构成：下部的台基，中间的房屋本身和上部翼状伸展的屋顶（图1）。

（二）在平面布置上，中国所称为一“所”房子是由若干座这种建筑物以及一些联系性的建筑物，如回廊、抱厦、厢、耳、过厅等等，围绕着一个或

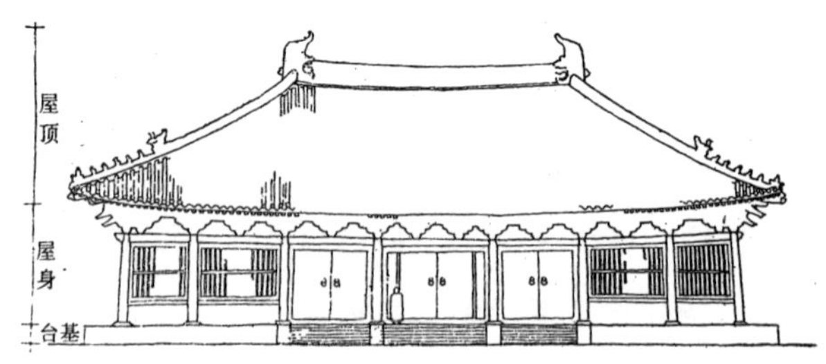

图1　一座中国建筑物的三个主要部分

若干个庭院或天井建造而成的。在这种布置中，往往左右均齐对称，构成显著的轴线。这同一原则，也常应用在城市规划上。主要的房屋一般地都采取向南的方向，以取得最多的阳光。这样的庭院或天井里虽然往往也种植树木花草，但主要部分一般地都有砖石墁地，成为日常生活所常用的一种户外的空间，我们也可以说它是很好的“户外起居室”（图2）。

（三）这个体系以木材结构为它的主要结构方法。这就是说，房身部分是以木材做立柱和横梁，成为一付梁架。每一付梁架有两根立柱和两层以上的横梁。每两付梁架之间用枋、檩之类的横木把它们互相牵搭起来，就成了“间”的主要构架，以承托上面的重量。

两柱之间也常用墙壁，但墙壁并不负重，只是像“帷幕”一样，用以隔断内外，或分划内部空间而已。因此，门窗的位置和处理都极自由，由全部用墙壁至全部开门窗，乃至既没有墙壁也没有门窗

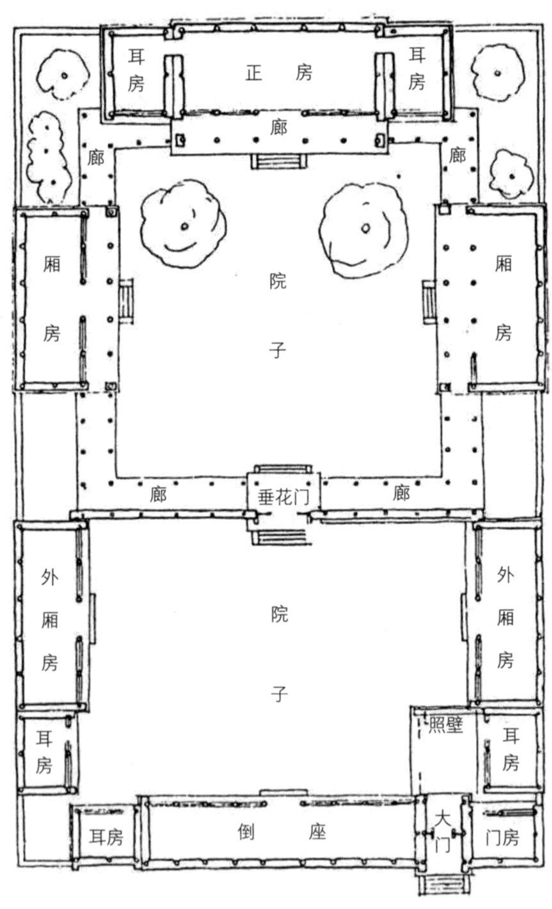

图2　一所北京住宅的平面图

图3 北京 北海凉亭
（柱间可以没有墙壁门窗成为凉亭，亦可砌墙安门窗）

（如凉亭），都不妨碍负重的问题；房顶或上层楼板的重量总是由柱承担的。这种框架结构的原则直到现代的钢筋混凝土构架或钢骨架的结构才被应用，而我们中国建筑在三千多年前就具备了这个优点，并且恰好为中国将来的新建筑在使用新的材料与技术的问题上具备了极有利的条件（图3）。

（四）斗栱：在一付梁架上，在立柱和横梁交接处，在柱头上加上一层层逐渐挑出的称做“栱”的弓形短木，两层栱之间用称做“斗”的斗形方木块垫着。这种用栱和斗综合构成的单位叫做“斗栱”。它是用以减少立柱和横梁交接处的剪力，以减少梁的折断之可能的。更早，它还是用以加固两条横木接榫的，先是用一个斗，上加一块略似栱形的“替木”。斗栱也可以由柱头挑出去承托上面其他结构，

图4　吴县 玄妙观三清殿
（斗栱在外部承托檐部）

图5　太谷 万安寺
（斗栱在内部承托梁架枋檩）

最显著的如屋檐，上层楼外的“平坐”（露台），屋子内部的楼井、栏杆等。斗栱的装饰性很早就被发现，不但在木构上得到了巨大的发展，并且在砖石建筑上也充分应用，它成为中国建筑中最显著的特征之一（图4、图5）。

（五）举折，举架：梁架上的梁是多层的；上一层总比下一层短；两层之间的矮柱（或柁墩）总是逐渐加高的。这叫做“举架”。屋顶的坡度就随着这举架，由下段的檐部缓和的坡度逐步增高为近屋脊处的陡斜，成了缓和的弯曲面。

（六）屋顶在中国建筑中素来占着极其重要的位置。它的瓦面是弯曲的，已如上面所说。当屋顶是四面坡的时候，屋顶的四角也就是翘起的。它的壮丽的装饰性也很早就被发现而予以利用了。在其他体系建筑中，屋顶素来是不受重视的部分，除掉穹隆顶得到特别处理之外，一般坡顶都是草草处理，生硬无趣，甚至用女儿墙把它隐藏起来。但在中国，古代智慧的匠师们很早就发挥了屋顶部分的巨大的装饰性。在诗经里就有“如鸟斯革”，“如翚斯

图6　北京　中和殿及保和殿
（屋顶壮丽的装饰性很早就被发现而予以利用了）

图7　北京　太和殿天花彩画
（在使用颜色上，中国建筑是最大胆的。在黑白照片中也可以看出颜色的效果）

飞”的句子来歌颂像翼舒展的屋顶和出檐。诗经开了端，两汉以来许多诗词歌赋中就有更多叙述屋子顶部和它的各种装饰的词句。这证明顶屋不但是几千年来广大人民所喜闻乐见的，并且是我们民族所最骄傲的成就。它的发展成为中国建筑中最主要的特征之一（图6）。

（七）大胆地用朱红作为大建筑物屋身的主要颜色，用在柱、门窗和墙壁上，并且用彩色绘画图案来装饰木构架的上部结构，如额枋、梁架、柱头和斗栱，无论外部内部都如此。在使用颜色上，中国建筑是世界各建筑体系中最大胆的（图7）。

（八）在木结构建筑中，所有构件交接的部分都大半露出，在它们外表形状上稍稍加工，使成为建筑本身的装饰部分。例如：梁头做成“挑尖梁头”或“蚂蚱头”；额枋出头做成“霸王拳”；昂的下端做成“昂嘴”，上端做成“六分头”或“菊花头”；将几层昂的上段固定在一起的横木做成“三福云”等等；或如整组的斗栱和门窗上的刻花图案、门环、角叶，乃至如屋脊、脊吻、瓦当等都属于这一类。它们都是结构部分，经过这样的加工而取得了高度装饰的效果。

（九）在建筑材料中，大量使用有色琉璃砖瓦；尽量利用各色油漆的装饰潜力。木上刻花，石面上作装饰浮雕，砖墙上也加雕刻。这些也都是中国建筑体系的特征。

这一切特点都有一定的风格和手法，为匠师们所遵守，为人民所承认，我们可以叫它做中国建筑的“文法”。建筑和语言文字一样，一个民族总是创造出他们世世代代所喜爱，因而沿用的惯例，成了法式。在西方，希腊、罗马体系创造了它们的“五种典范”，成为它们建筑的法式。中国建筑怎样砍割并组织木材成为梁架，成为斗栱，成为一“间”，成为个别建筑物的框架；怎样用举架的公式求得屋顶的曲面和曲线轮廓；怎样结束瓦顶；怎样求得台基、台阶、栏杆的比例；怎样切削生硬的结构部分，使同时成为柔和的、曲面的、图案型的装饰物；

怎样布置并联系各种不同的个别建筑，组成庭院；这都是我们建筑上二三千年沿用并发展下来的惯例法式。无论每种具体的实物怎样地千变万化，它们都遵循着那些法式。构件与构件之间，构件和它们的加工处理装饰，个别建筑物与个别建筑物之间，都有一定的处理方法和相互关系，所以我们说它是一种建筑上的“文法”。至如梁、柱、枋、檩、门、窗、墙、瓦、槛、阶、栏杆、槅扇、斗栱、正脊、垂脊、正吻、戗兽、正房、厢房、游廊、庭院、夹道等等，那就是我们建筑上的“词汇”，是构成一座或一组建筑的不可少的构件和因素。

这种“文法”有一定的拘束性，但同时也有极大的运用的灵活性，能有多样性的表现。也如同做文章一样，在文法的拘束性之下，仍可以有许多体裁，有多样性的创作，如文章之有诗、词、歌、赋、论著、散文、小说等等。建筑的“文章”也可因不同的命题，有“大文章”或“小品”。大文章如宫殿、庙宇等等；“小品”如山亭、水榭、一轩、一楼。文字上有一面横额，一副对子，纯粹作点缀装饰用的。建筑也有类似的东西，如在路的尽头的一座影壁，或横跨街中心的几座牌楼等等。它们之所以都是中国建筑，具有共同的中国建筑的特性和特色，就是因为它们都用中国建筑的“词汇”，遵循着中国建筑的“文法”所组织起来的。运用这“文法”的规则，为了不同的需要，可以用极不相同的“词汇”构成极不相同的体形，表达极不相同的情感，解决极不相同的问题，创造极不相同的类型。

这种“词汇”和“文法”到底是什么呢？归根说来，它们是从世世代代的劳动人民在长期建筑活动的实践中所累积的经验中提炼出来，经过千百年的考验，而普遍地受到承认而遵守的规则和惯例。它是智慧的结晶，是劳动和创造成果的总结。它不是一人一时的创作，它是整个民族和地方的物质和精神条件下的产物。

由这“文法”和“词汇”组织而成的这种建筑形式，既经广大人民所接受，为他们所承认、所喜爱，于是原先虽是从木材结构产生的，但它们很快地就越过材料的限制，同样地运用到砖石建筑上去，以表现那些建筑物的性质，表达所要表达的情感。这说明为什么在中国无数的建筑上都常常应用原来用在木材结构上的“词汇”和“文法”。这条发展的途径，中国建筑和欧洲希腊、罗马的古典建筑体系，乃至埃及和两河流域的建筑体系是完全一样的；所不同者，是那些体系很早就舍弃了木材而完全代以砖石为主要材料。在中国，则因很早就创造了先进的科学的梁架结构法，把它发展到高度的艺术和技艺水平，所以虽然也发展了砖石建筑，但木框架还同时被采用为主要结构方法。这样的框架实在为我们的新建筑的发展创造了无比的有利条件。

在这里，我打算提出一个各民族的建筑之间的“可译性”的问题。

如同语言和文学一样，为了同样的需要，为了解决同样的问题，乃至为了表达同样的情感，不同的民族，在不同的时代是可以各自用自己的“词汇”

和“文法”来处理它们的。简单的如台基、栏杆、台阶等等，所要解决的问题基本上是相同的，但多少民族创造了多少形式不同的台基、栏杆和台阶。例如热河普陀拉[①]的一个窗子，就与无数文艺复兴时代的窗子“内容”完全相同，但是各用不同的“词汇”和“文法”，用自己的形式把这样一句“话”“说”出来了。又如天坛皇穹宇与罗马的布拉曼提所设计的圆亭子，虽然大小不同，基本上是同一体裁的“文章”。又如罗马的凯旋门与北京的琉璃牌楼，罗马的一些纪念柱与我们的华表，都是同一性质，同样处理的市容点缀。这许多例子说明各民族各有自己不同的建筑手法，建造出来各种各类的建筑物，就如同不同的民族有用他们不同的文字所写出来的文学作品和通俗文章一样。

我们若想用我们自己建筑上优良传统来建造适合于今天我们新中国的建筑，我们就必须首先熟习

① 热河普陀拉系指今河北省承德市普陀宗乘之庙——编者注。

自己建筑上的“文法”和“词汇”，否则我们是不可能写出一篇中国“文章”的。关于这方面深入一步的学习，我介绍同志们参考清“工部工程做法则例”和宋李明仲的“营造法式”。关于前书，前中国营造学社出版的“清式营造则例”可作为一部参考用书。关于后书，我们也可以从营造学社一些研究成果中得到参考的图版。

（本文原载《建筑学报》1954年第1期）

建筑和建筑的艺术

近两三个月来，许多城市的建筑工作者都在讨论建筑艺术的问题，有些报刊报道了这些讨论，还发表了一些文章，引起了各方面广泛的兴趣和关心。因此在这里以“建筑和建筑的艺术”为题，为广大读者做一点一般性的介绍。

一门复杂的科学——艺术

建筑虽然是一门技术科学，但它又不仅仅是单纯的技术科学，而往往又是带有或多或少（有时极高度的）艺术性的综合体。它是很复杂的、多面性的，概括地可以从三个方面来看。

首先，由于生产和生活的需要，往往许多不同的房屋集中在一起，形成了大大小小的城市。一座城市里，有生产用的房屋，有生活用的房屋。一个城市是一个活的、有机的整体。它的“身体”主要是由成千上万座各种房屋组成的。这些房屋的适当安排，以适应生产和生活的需要，是一项极其复杂而细致的工作，叫做城市规划。这是建筑工作的复杂性的第一个方面。

其次，随着生产力的发展，技术科学的进步，在结构上和使用功能上的技术要求也越来越高、越复杂了。从人类开始建筑活动，一直到十九世纪后半的漫长的年代里，在材料技术方面，虽然有些缓慢的发展，但都沿用砖、瓦、木、石，几千年没有多大改变；也没有今天的所谓设备。但是到了十九世纪中叶，人们就开始用钢材做建筑材料；后来用钢条和混凝土配合使用，发明了钢筋混凝土；人们对于材料和土壤的力学性能，了解得越来越深入，越精确；建筑结构的技术就成为一种完全可以从理论上精确计算的科学了。在过去这一百年间，发明了许多高强度金属和可塑性的材料，这些也都逐渐运用到建筑上来了。这一切科学上的新的发展就促使建筑结构要求越来越高的科学性。而这些科学方面的进步，又为满足更高的要求，例如更高的层数或更大的跨度等，创造了前所未有的条件。

这些科学技术的发展和发明，也帮助解决了建筑物的功能和使用上从前所无法解决的问题。例如人民大会堂里的各种机电设备，它们都是不可缺少的。没有这些设备，即使在结构上我们盖起了这个万人大会堂，也是不能使用的。其他各种建筑，例如博物馆，在光线、温度、湿度方面就有极严格的要求；冷藏库就等于一座庞大的巨型电气冰箱；一座现代化的舞台，更是一件十分复杂的电气化的机器。这一切都是过去的建筑所没有的，但在今天，它们很多已经不是房子盖好以后再加上去的设备，而往往是同房屋的结构一样，成为构成建筑物的不可分割的部分了。因此，今天的建筑，除去那些最简单的小房子可以由建筑师单独完成以外，差不多没有不是由建筑师、结构工程师和其他各工种的设备工程师和各种生产的工艺工程师协作设计的。这是建筑的复杂性的第二个方面。

最后，就是建筑的艺术性或美观的问题。两千年前，罗马的一位建筑理论家就指出，建筑有三个因素：适用、坚固、美观。一直到今天，我们对建筑还是同样地要它满足这三方面的要求。

我们首先要求房屋合乎实用的要求：要房间的大小、高低，房间的数目，房间和房间之间的联系，平面的和上下层之间的联系，以及房间的温度、空气、阳光等等都合乎使用的要求。同时，这些房屋又必须有一定的坚固性，能够承担起设计任务所要求于它的荷载。在满足了这两个前提之后，人们还要求房屋的样子美观。因此，艺术性的问题就扯到建筑上来了。那就是说，建筑是有双重性或者两面性的：它既是一种技术科学，同时往往也是一种艺术，而两者往往是统一的，分不开的。这是建筑的复杂性的第三个方面。

今天我们所要求于一个建筑设计人员的，是对于上面所谈到的三个方面的错综复杂的问题，从国民经济、城市整体的规划的角度，从材料、结构、设备、技术的角度，以及适用、坚固、美观三者的统一的角度来全面了解、全面考虑，对于个别的或成组成片的建筑物做出适当的处理。这就是今天的建筑这一门科学的概括的内容。目前建筑工作者正在展开讨论的正是这第三个方面中的最后一点——建筑的艺术或美观的问题。

建筑的艺术性

一座建筑物是一个有体有形的庞大的东西，长期站立在城市或乡村的土地上。既然有体有形，就必然有一个美观的问题，对于接触到它的人，必然引起一种美感上的反应。在北京的公共汽车上，每当经过一些新建的建筑的时候，车厢里往往就可以听见一片评头品足的议论，有赞叹歌颂的声音，也有些批评惋惜的论调。这是十分自然的。因此，作为一个建筑设计人员，在考虑适用和工程结构的问题的同时，绝不能忽略了他所设计的建筑，在完成之后，要以什么样的面貌出现在城市的街道上。

在旧社会里，特别是在资本主义社会，建筑绝大部分是私人的事情。但在我们的社会主义社会里，建筑已经成为我们的国民经济计划的具体表现的一部分。它是党和政府促进生产，改善人民生活的一个重要工具。建筑物的形象反映出人民和时代的精神面貌。作为一种上层建筑，它必须适应经济基础。所以建筑的艺术就成为广大群众所关心的大事了。我们党对这一点是非常重视的。远在1953年，党就提出了“适用、经济，在可能条件下注意美观”的建筑方针。在最初的几年，在建筑设计中虽然曾经出现过结构主义、功能主义、复古主义等等各种形式主义的偏差，但是，在党的领导和教育下，到1956年前后，这些偏差都基本上端正过来了。再经过几年的实践锻炼，我们就取得了像人民大会堂等巨型公共建筑在艺术上的卓越成就。

建筑的艺术和其他的艺术既有相同之处，也有区别，现在先谈谈建筑的艺术和其他艺术相同之点。

首先，建筑的艺术一面，作为一种上层建筑，和其他的艺术一样，是经济基础的反映，是通过人的思想意识而表达出来的，并且是为它的经济基础服务的。不同民族的生活习惯和文化传统又赋予建筑以民族性。它是社会生活的反映，它的形象往往会引起人们情感上的反应。

从艺术的手法技巧上看，建筑也和其他艺术有很多相同之点。它们都可以通过它的立体和平面的构图，运用线、面和体，各部分的比例、平衡、对称、对比、韵律、节奏、色彩，表质等等而取得它的艺术效果。这些都是建筑和其他艺术相同的地方。

但是，建筑又不同于其他艺术。其他的艺术完全是艺术家思想意识的表现，而建筑的艺术却必须从属于适用经济方面的要求，要受到建筑材料和结构的制约。一张画、一座雕像、一出戏、一部电影，都是可以任人选择的。可以把一张画挂起来，也可以收起来。一部电影可以放映，也可以不放映。一般地它们的体积都不大，它们的影响面是可以由人们控制的。但是，一座建筑物一旦建造起来，它就要几十年、几百年地站立在那里。它的体积非常庞大，不由分说地就形成了当地居民生活环境的一部分，强迫人去使用它、去看它、好看也得看，不好看也得看。在这点上，建筑是和其他艺术极不相同的。

绘画、雕塑、戏剧、舞蹈等艺术都是现实生活或自然现象的反映或再现。建筑虽然也反映生活，却不能再现生活。绘画、雕塑、戏剧、舞蹈能够表达它赞成什么，反对什么。建筑就很难做到这一点。建筑虽然也引起人们的感情反应，但它只能表达一定的气氛，或是庄严雄伟，或是明朗轻快，或是神秘恐怖等等。这也是建筑和其他艺术不同之点。

建筑的民族性

建筑在工程结构和艺术处理方面还有民族性和地方性的问题。在这个问题上，建筑和服装有很多相同之点。服装无非是用一些纺织品（偶尔加一些皮革），根据人的身体，做成掩蔽身体的东西。在寒冷的地区和季节，要求它保暖；在炎热的季节或地区，又要求它凉爽。建筑也无非是用一些砖瓦木石搭起来以取得一个有掩蔽的空间，同衣服一样，也要适应气候和地区的特征。几千年来，不同的民族，在不同的地区，在不同的社会发展阶段中，各自创造了极不相同的形式和风格。例如，古代埃及和希腊的建筑，今天遗留下来的都有很多庙宇。它们都是用石头的柱子、石头的梁和石头的墙建造起来的。埃及的都很沉重严峻。仅仅隔着一个地中海，在对岸的希腊，却呈现一种轻快明朗的气氛。又如中国建筑自古以来就用木材形成了我们这种建筑形式，有鲜明的民族特征和独特的民族风格。别的国家和民族，在亚洲、欧洲、非洲，也都用木材建造房屋，但是都有不同的民族特征。甚至就在中国不同的地区、不同的民族用一种基本上相同的结构方法，还是有各自不同的特征。总的说来，就是在一个民族文化发展的初期，由于交通不便，和其他民族隔绝，各自发展自己的文化；岁久天长，逐渐形成了自己的传统，形成了不同的特征。当然，随着生产力的发展，科学技术逐渐进步，各个民族的活动范围逐渐扩大，彼此之间的接触也越来越多，而彼此影响。在这种交流和发展中，每个民族都按照自己的需要吸收外来的东西。每个民族的文化都在缓慢地，但是不断地改变和发展着，但仍然保持着自己的民族特征。

今天，情况有了很大的改变，不仅各民族之间交通方便，而且各个国家、各民族各地区之间不断地你来我往。现代的自然科学和技术科学使我们掌握了各种建筑材料的力学物理性能，可以用高度精确的科学性计算出最合理的结构；有许多过去不能解决的结构问题，今天都能解决了。在这种情况下，就提出一个问题，在建筑上如何批判地吸收古今中外有用的东西和现代的科学技术很好地结合起来。我们绝不应否定我们今天所掌握的科学技术对于建筑形式和风格的不可否认的影响。如何吸收古今中外一切有用的东西，创造社会主义的、中国的建筑新风格。正是我们讨论的问题。

美观和适用、经济、坚固的关系

对每一座建筑，我们都要求它适用、坚固、美观。我们党的建筑方针是“适用、经济、在可能条件下注意美观”。建筑既是工程又是艺术；它是有工程和艺术的双重性的。但是建筑的艺术是不能脱离了它的适用的问题和工程结构的问题而单独存在的。适用、坚固、美观之间存在着矛盾；建筑设计人员的工作就是要正确处理它们之间的矛盾，求得三方面的辩证的统一。明显的是，在这三者之中，适用是人们对建筑的主要要求。每一座建筑都是为了一定的适用的需要而建造起来的。其次是每一座建筑在工程结构上必须具有它的功能的适用要求所需要的坚固性。不解决这两个问题就根本不可能有建筑物的物质存在。建筑的美观问题是在满足了这两个前提的条件下派生的。

在我们社会主义建设中，建筑的经济是一个重要的政治问题。在生产性建筑中，正确地处理建筑的经济问题是我们积累社会主义建设资金，扩大生产再生产的一个重要手段。在非生产性建筑中，正确地处理经济问题是一个用最少的资金，为广大人民最大限度地改善生活环境的问题。社会主义的建筑师忽视建筑中的经济问题是党和人民所不允许的。因此，建筑的经济问题，在我们社会主义建设中，就被提到前所未有的政治高度。因此，党指示我们在一切民用建筑中必须贯彻“适用、经济、在可能条件下注意美观”的方针。应该特别指出，我们的建筑的美观问题是在适用和经济的可能条件下予以注意的。所以，当我们讨论建筑的艺术问题，也就是讨论建筑的美观问题时，是不能脱离建筑的适用问题、工程结构问题、经济问题而把它孤立起来讨论的。

建筑的适用和坚固的问题，以及建筑的经济问题都是比较“实”的问题，有很多都是可以用数目字计算出来的。但是建筑的艺术问题，虽然它脱离不了这些“实”的基础，但它却是一个比较“虚”的问题。因此，在建筑设计人员之间，就存在着比较多的不同的看法，比较容易引起争论。

在技巧上考虑些什么？

为了便于广大读者了解我们的问题，我在这里简略地介绍一下在考虑建筑的艺术问题时，在技巧上我们考虑哪些方面。

轮廓 首先我们从一座建筑物作为一个有三度空间的体量上去考虑，从它所形成的总体轮廓去考虑。例如：天安门，看它的下面的大台座和上面双重房檐的门楼所构成的总体轮廓，看它的大小、高低、长宽等等的相互关系和比例是否恰当。在这一点上，好比看一个人，只要先从远处一望，看她头的大小，肩膀宽窄，胸腰粗细，四肢的长短，站立的姿势，就可以大致做出结论她是不是一个美人了。建筑物的美丑问题，也有类似之处。

比例 其次就要看一座建筑物的各个部分和各个构件的本身和相互之间的比例关系。例如门窗和墙面的比例，门窗和柱子的比例，柱子和墙面的比例，门和窗的比例，门和门，窗和窗的比例，这一切的左右关系之间的比例，上下层关系之间的比例等等；此外，又有每一个构件本身的比例，例如门的宽和高的比例，窗的宽和高的比例，柱子的柱径和柱高的比例，檐子的深度和厚度的比例等等；总而言之，抽象地说，就是一座建筑物在三度空间和两度空间的各个部分之间的，虚与实的比例关系，凹与凸的比例关系，长宽高的比例关系的问题。而这种比例关系是决定一座建筑物好看不好看的最主要的因素。

尺度 在建筑的艺术问题之中，还有一个和比例很相近，但又不仅仅是上面所谈到的比例的问题。我们叫它做建筑物的尺度。比例是建筑物的整体或者各部分、各构件的本身或者它们相互之间的长宽高的比例关系或相对的比例关系；而所谓尺度则是一些主要由于适用的功能、特别是由于人的身体的大小所决定的绝对尺寸和其他各种比例之间的相互关系问题。有时候我们听见人说，某一个建筑真奇怪，实际上那样高大，但远看过去却不显得怎么大，要一直走到跟前抬头一望，才看到它有多么高大。这是什么道理呢？这就是因为尺度的问题没有处理好。

一座大建筑并不是一座小建筑的简单的按比例放大。其中有许多东西是不能放大的，有些虽然可以稍微放大一些，但不能简单地按比例放大。例如有一间房间，高3米，它的门高2.1米，宽90厘米；门上的锁把子离地板高一米；门外有几步台阶，每步高15厘米，宽30厘米；房间的窗台离地板高90厘米。但是当我们盖一间高6米的房间的时候，我们却不能简单地把门的高宽，门锁和窗台的高度，台阶每步的高宽按比例加一倍。在这里，门的高宽是可以略略放大一点的，但放大也必须合乎人的尺度，例如说，可以放到高2.5米，宽1.1米左右，但是窗台，门把子的高度，台阶每步的高宽却是绝对的，不可改变的。由于建筑物上这些相对比例和绝对尺寸之间的相互关系，就产生了尺度的问题，处理得不好，就会使得建筑物的实际大小和视觉上给人的大小的印象不相称。这是建筑设计中的艺术处理手法上一个比较不容易掌握的问题。从一座建筑的整体到它的各个局部细节，乃至于一个广场，一条街道，一个建筑群，都有这尺度问题。美术家画人也有与此类似的问题。画一个大人并不是把一个小孩按比例放大；按比例放大，无论放多大，看过去还是一个小孩子。在这一点上，画家的问题比较简单，因为人的发育成长有它的自然的、必然的规律。但在建筑设计中，一切都是由设计人创造出来的，每一座不同的建筑在尺度问题上都需要给予不同的考虑。要做到无论多大多小的建筑，看过去都和它的实际大小恰如其分地相称。可是一件不太简单的事。

均衡 在建筑设计的艺术处理上还有均衡、对称的问题。如同其他艺术一样，建筑物的各部分必须在构图上取得一种均衡、安定感。取得这种均衡的最简单的方法就是用对称的方法，在一根中轴线的左右完全对称。这样的例子最多，随处可以看到。但取得构图上的均衡不一定要用左右完全对称的方法。有时可以用一边高起，一边平铺的方法；有时可以一边用一个大的体积和一边用几个小的体积的方法或者其他方法取得均衡。这种形式的多样性是由于地形条件的限制，或者由于功能上的特殊要求而产生的。但也有由于建筑师的喜爱而做出来的。山区的许多建筑都采取不对称的形式，就是由于地形的限制。有些工业建筑由于工艺过程的需要，在某一部位上会突出一些特别高的部分，高低不齐，有时也会取得很好的艺术效果。

节奏 节奏和韵律是构成一座建筑物的艺术形象的重要因素；前面所谈到的比例，有许多就是节奏或者韵律的比例。这种节奏和韵律也是随时随地可以看见的。例如从天安门经过端门到午门，天安门是重点的一节或者一个拍子，然后左右两边的千步廊，各用一排等距离的柱子，有节奏地排列下去。但是每九间或十一间，节奏就要断一下，加一道墙，屋顶的脊也跟着断一下。经过这样几段之后，就出现了东西对峙的太庙门和社稷门，好像引进了一个新的主题。这样有节奏有韵律地一直达到端门，然后又重复一遍达到午门。

事实上，差不多所有的建筑物，无论在水平方向上或者垂直方向上，都有它的节奏和韵律。我们若是把它分析分析，就可以看到建筑的节奏、韵律有时候和音乐很相像。例如有一座建筑，由左到右或者由右到左，是一柱，一窗；一柱，一窗地排列过去，就像“柱，窗；柱，窗；柱，窗；柱，窗……”的2/4拍子。若是一柱二窗的排列法，就有点像“柱，窗，窗；柱，窗，窗；……”的圆舞曲。若是一柱三窗地排列，就是“柱，窗，窗，窗；柱，窗，窗，窗；……”的4/4拍子了。

在垂直方向上，也同样有节奏、韵律，北京广安门外的天宁寺塔就是一个有趣的例子。由下看上去，最下面是一个扁平的不显著的月台；上面是两层大致同样高的重叠的须弥座；再上去是一周小挑台，专门名词叫平座；平座上面是一圈栏杆，栏杆上是一个三层莲瓣座；再上去是塔的本身，高度和两层须弥座大致相等；再上去是十三层檐子；最上是攒尖瓦顶，顶尖就是塔尖的宝珠。按照这个层次和它们高低不同的比例，我们大致（只是大致）可以看到（而不是听到）这样一段节奏：

我在这里并没有牵强附会。同志们要不是不信，请到广安门外去看看，从这张图也可以看出来。

质感　在建筑的艺术效果上另一个起作用的因

素是质感，那就是材料表面的质地的感觉。这可以和人的皮肤相比，看看她的皮肤是粗糙或是细腻，是光滑还是皱纹很多；也像衣料，看它是毛料，布料或者是绸缎，是粗是细等等。

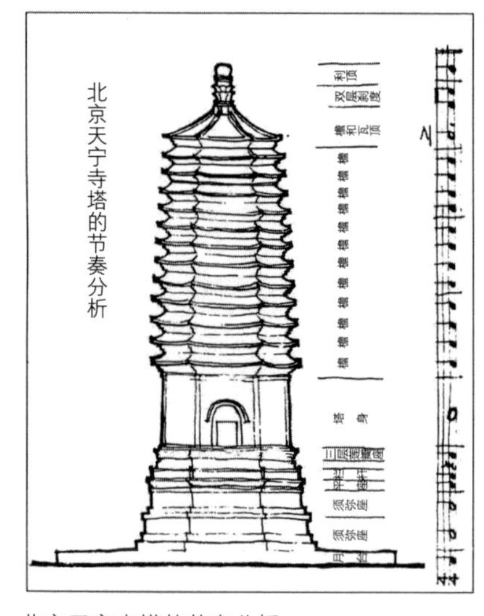

北京天宁寺塔的节奏分析

建筑表面材料的质感，主要是由两方面来掌握的，一方面是材料的本身，一方面是材料表面的加工处理。建筑师可以运用不同的材料，或者是几种不同材料的相互配合而取得各种艺术效果；也可以只用一种材料，但在表面处理上运用不同的手法而取得不同的艺术效果。例如北京的故宫太和殿，就是用汉白玉的台基和栏杆，下半青砖上半抹灰的砖墙，木材的柱梁斗栱和琉璃瓦等等不同的材料配合而成的（当然这里面还有色彩的问题，下面再谈）。欧洲的建筑，大多用石料，打得粗糙就显得雄壮有力，打磨得光滑就显得斯文一些。同样的花岗石，从极粗糙的表面到打磨得像镜子一样的光亮，不同程度的打磨，可以取得十几、二十种不同的效果。用方整石块砌的墙和乱石砌的“虎皮墙”，效果也极不相同。至于木料，不同的木料，特别是由于木纹的不同，都有不同的艺术效果。用斧子砍的，用锯子锯的，用刨子刨的，以及用砂纸打光的木材，都各有不同的效果。抹灰墙也有抹光的，有拉毛的；拉毛的方法又有几十种。油漆表面也有光滑的或者皱纹的处理。这一切都影响到建筑的表面的质感。建筑师在这上面是大有文章可做的。

色彩　关系到建筑的艺术效果的另一个因素就是色彩。在色彩的运用上，我们可以利用一些材料的本色。例如不同颜色的石料，青砖或者红砖，不同颜色的木材等等。但我们更可以采用各种颜料，例如用各种颜色的油漆，各种颜色的琉璃，各种颜色的抹灰和粉刷，乃至不同颜色的塑料等等。

在色彩的运用上，从古以来，中国的匠师是最大胆和最富有创造性的。咱们就看看北京的故宫、天坛等等建筑吧。白色的台基，大红色的柱子、门窗、墙壁；檐下青绿点金的彩画；金黄的或是翠绿的或是宝蓝的琉璃瓦顶，特别是在秋高气爽、万里无云、阳光灿烂的北京的秋天，配上蔚蓝色的天空做背景。那是每一个初到北京来的人永远不会忘记的印象。这对于我们中国人都是很熟悉的，没有必要在这里多说了。

装饰　关于建筑物的艺术处理上我要谈的最后一点就是装饰雕刻的问题。总的说来，它是比较次要的，就像衣服上的滚边或者是绣点花边，或者是胸前的一个别针，头发上的一个卡子或蝴蝶结一样。这一切，对于一个人的打扮，虽然也能起一定的效果，但毕竟不是主要的。对于建筑也是如此，只要总的轮廓、比例、尺度、均衡、节奏、韵律、质感、色彩等等问题处理得恰当，建筑的艺术效果就大致已经决定了。假使我们能使建筑像唐朝的虢国夫人那样，能够“淡扫蛾眉朝至尊”，那就最好。但这不等于说建筑就根本不应该有任何装饰。必要的时候；恰当地加一点装饰，是可以取得很好的艺术效果的。

要装饰用得恰当，还是应该从建筑物的功能和结构两方面去考虑。再拿衣服来做比喻。衣服上的服饰也应从功能和结构上考虑，不同之点在于衣服还要考虑到人的身体的结构。例如领口、袖口，旗袍的下摆、叉子、大襟都是结构的重要部分，有必要时可以绣些花边；腰是人身结构的“上下分界线”，用一条腰带来强调这条分界线也是恰当的。又如口袋有它的特殊功能，因此把整个口袋或口袋的口子用一点装饰来突出一下也是恰当的。建筑的装饰，也应该抓住功能上和结构上的关键来略加装饰。例如，大门口是功能上的一个重要部分，就可以用一些装饰来强调一下。结构上的柱头、柱脚、门窗的框子，梁和柱的交接点，或是建筑物两部分的交接线或分界线，都是结构上的“节骨眼”，也可以用些装饰强调一下。在这一点上，中国的古代建筑是最善于对结构部分予以灵巧的艺术处理的。我们看到的许多装饰，如桃尖梁头，各种的云头或荷叶形的装饰，绝大多数就是在结构构件上的一点艺术加工。结构和装饰的统一是中国建筑的一个优良传统。屋顶上的脊和鸱吻、兽头、仙人、走兽等等装饰，它们的位置、轻重、大小，也是和屋顶内部的结构完全一致的。

由于装饰雕刻本身往往也就是自成一局的艺术创作，所以上面所谈的比例、尺度、质感、对称、均衡、韵律、节奏、色彩等等方面，也是同样应该考虑的。

当然，运用装饰雕刻，还要按建筑物的性质而定。政治性强，艺术要求高的，可以适当地用一些。工厂车间就根本用不着。一个总的原则就是不可滥用。滥用装饰雕刻，就必然欲益反损，弄巧成拙，得到相反的效果。

*　*　*

有必要重复一遍：建筑的艺术和其他艺术有所不同，它是不能脱离适用、工程结构和经济的问题而独立存在的。它虽然对于城市的面貌起着极大的作用，但是它的艺术是从属于适用、工程结构和经济的考虑的，是派生的。

此外，由于每一座个别的建筑都是构成一个城市的一个“细胞”，它本身也不是单独存在的。它必然有它的左邻右舍，还有它的自然环境或者园林绿化。因此，个别建筑的艺术问题也是不能脱离了它的环境而孤立起来单独考虑的。有些同志指出：北京的民族文化宫和它的左邻右舍水产部大楼和民族饭店的相互关系处理得不大好。这正是指出了我们工作中在这方面的缺点。

总而言之，建筑的创作必须从国民经济、城市规划、适用、经济、材料、结构、美观等等方面全面地综合地考虑。而它的艺术方面必须在前面这些前提下，再从轮廓、比例、尺度、质感、节奏、韵律、色彩、装饰等等方面去综合考虑，在各方面受到严格的制约，是一种非常复杂的、高度综合性的艺术创作。

（本文原载《人民日报》1961年7月26日第七版）

关于北京城墙存废问题的讨论

北京成为新中国的新首都了。新首都的都市计划即将开始，古老的城墙应该如何处理，很自然地成了许多人所关心的问题。处理的途径不外拆除和保存两种。城墙的存废在现代的北京都市计划里，在市容上，在交通上，在城市的发展上，会产生什么影响，确是一个重要的问题，应该慎重的研讨，得到正确的了解，然后才能在原则上得到正确的结论。

有些人主张拆除城墙，理由是：城墙是古代防御的工事，现在已失去了功用，它已尽了它的历史任务了；城墙是封建帝王的遗迹；城墙阻碍交通，限制或阻碍城市的发展；拆了城墙可以取得许多砖，可以取得地皮，利用为公路。简单地说，意思是：留之无用，且有弊害，拆之不但不可惜，且有薄利可图。

但是，从不主张拆除城墙的人的论点上说，这种看法是有偏见的，片面的，狭隘的，也是缺乏实际的计算的；由全面城市计划的观点看来，都是知其一不知其二的，见树不见林的。

他说：城墙并不阻碍城市的发展，而且把它保留着与发展北京为现代城市不但没有抵触，而且有利。如果发展它的现代作用，它的存在会丰富北京城人民大众的生活，将久远的为我们可贵的环境。

先说它的有利的现代作用。自从18、19世纪以来，欧美的大都市因为工商业无计划，无秩序，无限制的发展，城市本身也跟着演成了野草蔓延式的滋长状态。工业，商业，住宅起先便都混杂在市中心，到市中心积渐地密集起来时，住宅区便向四郊展开。因此工商业随着又向外移。到了四郊又渐形密集时，居民则又向外展移，工商业又追踪而去。

结果，市区被密集的建筑物重重包围。在伦敦、纽约等市中心区居住的人，要坐三刻钟乃至一小时以上的地道车才能达到郊野。市内之枯燥嘈杂，既不适于居住，也渐不适于工作，游息的空地都被密集的建筑物和街市所侵占，人民无处游息，各种行动都忍受交通的拥挤和困难。所以现代的都市计划，为市民身心两方面的健康，为解除无限制蔓延的密集，便设法采取了将城市划分为若干较小的区域的办法。小区域之间要用一个园林地带来隔离。这种分区法的目的在使居民能在本区内有工作的方便，每日经常和必要的行动距离合理化，交通方便及安全化；同时使居民很容易接触附近郊野田园之乐，在大自然里休息；而对于行政管理方面，也易于掌握。北京在20年后，人口可能增加到400万人以上，分区方法是必须采用的。靠近城墙内外的区域，这城墙正可负起它新的任务。利用它为这种现代的区间的隔离物是很方便的。

这里主张拆除的人会说：隔离固然是隔离了，

但是你们所要的园林地带在哪里？而且隔离了交通也就被阻梗了。

主张保存的人说：城墙外面有一道护城河，河与墙之间有一带相当宽的地，现在城东、南、北三面，这地带上都筑了环城铁路。环城铁路因为太近城墙，阻碍城门口的交通，应该拆除向较远的地方展移。拆除后的地带，同护城河一起，可以做成极好的“绿带”公园。护城河在明正统年间，曾经‘两涯甃以砖石’，将来也可以如此做。将来引导永定河水一部分流入护城河的计划成功之后，河内可以放舟钓鱼，冬天又是一个很好的溜冰场。不唯如此，城墙上面，平均宽度约十公尺以上，可以砌花池，栽植丁香，蔷薇一类的灌木，或铺些草地，种植草花，再安放些园椅。夏季黄昏，可供数十万人的纳凉游息。秋高气爽的时节，登高远眺，俯视全城，西北苍苍的西山，东南无际的平原，居住于城市的人民可以这样接近大自然，胸襟壮阔。还有城楼角楼等可以辟为陈列馆，阅览室，茶点铺。这样一带环城的文娱圈，环城立体公园，是全世界独一无二的。北京城内本来很缺乏公园空地，新中国成立后皇宫禁地都是人民大众工作与休息的地方；清明前后几个周末，郊外颐和园一天的门票曾达到八九万张的纪录，正表示北京的市民如何迫切的需要假日休息的公园。古老的城墙正在等候着负起新的任务，它很方便地在城的四面，等候着为人民服务，休息他们的疲劳筋骨，培养他们的优美情绪，以民族文物及自然景色来丰富他们的生活。

不唯如此，假使国防上有必需时，城墙上面即可利用为良好的高射炮阵地。古代防御的工事在现代还能够再尽一次历史任务!

这里主张拆除者说，它是否阻碍交通呢?

主张保存者回答说：这问题只在选择适当地点，多开几个城门，便可解决的。而且现代在道路系统的设计上，我们要控制车流，不使它像洪水一般的到处“泛滥”，而要引导它汇集在几条干道上，以联系各区间的来往。我们正可利用适当位置的城门来完成这控制车流的任务。

但是主张拆除的人强调着说：这城墙是封建社会统治者保卫他们的势力的遗迹呀，我们这时代既已用不着，理应拆除它。

回答是：这是偏差幼稚的看法。故宫不是帝王的宫殿吗？它今天是人民的博物院。天安门不是皇宫的大门吗？中华人民共和国的诞生就是在天安门上由毛主席昭告全世界的。我们不要忘记，这一切建筑体形的遗物都是古代多少劳动人民创造出来的杰作，虽然曾经为帝王服务，被统治者所专有，今天已属于人民大众，是我们大家的民族纪念文物了。

同样的，北京的城墙也正是几十万劳动人民辛苦事迹所遗留下的纪念物。历史的条件产生了它，它在各时代中形成并执行了任务，它是我们人民所承继来的北京发展史在体形上的遗产。它那凸字形特殊形式的平面就是北京变迁发展史的一部分说明，各时代人民辛勤创造的史实，反映着北京的长成和文化上的进展。我们要记着，从前历史上易朝换代是一个统治者代替了另一个统治者，但一切主要的生产技术及文明的，艺术的创造，却总是从人民手中出来的；为生活便利和安心工作的城市工程也不是例外。

简略说来，公元1234年元人的统治阶级灭了金人的统治阶级之后，焚毁了比今天北京小得多的中都（在今城西南）。到公元1267年，元世祖以中都东北郊琼华岛离宫（今北海）为他威权统治的基础核心，古今最美的皇宫之一，外面四围另筑了一周规模极大的，近乎正方形的大城；现在内城的东西两面就仍然是元代旧的城墙部位，北面在现在的北面城墙之北五里之处（土城至今尚存），南面则在今长安街线上。当时城的东南角就是现在尚存的，郭守敬所创建的观象台地点。那时所要的是强调皇宫的威仪，“面朝背市”的制度，即宫在南端，市在宫的北面的部局。当时运河以什刹海为终点，所以商业中心，即“市”的位置，便在钟鼓楼一带。当时以手工业为主的劳动人民便都围绕着这个皇宫之北的“市心”而生活。运河是由城南入城的，现在的北河沿和南河沿就是它的故道，所以沿着现时的六国饭店，军管会，翠明庄，北大的三院，民主广场，中法大学河道一直北上[①]，尽是外来的船舶，由南方将物资运到什刹海。什刹海在元朝便相等于今日的前门车站交通终点的。后来运河失修，河运只达城南，城北部人烟稀少了。而城南却更便于工商业。在公元1370年前后，明太祖重建城墙的时候，就为了这个原因，将城北面“缩”了五里，建造了今天的安定门和德胜门一线的城墙。商业中心既南移，人口亦向城南集中。但明永乐时迁都北京，城

---

① 六国饭店，位于今东交民巷与正义路交叉路口的东南角，是北京历史上第一家大饭店，始建于1902年，80年代中期被拆除。

翠明庄，今南河沿大街1号，位于南河沿大街与东华门大街交叉路口的西南角，是1946年中共军调处所在地。

北大三院，原北京大学译文馆（今外语系前身）所在地，位于北河沿大街西侧，今北河沿大街145~147号址。

民主广场，北大红楼北侧广场，今北河沿大街甲83号院内。

中法大学，由蔡元培等人创建于1920年，1925年其文学院移建于今黄城根街甲20号处，位于北河沿大街东侧。

内却缺少修建衙署的地方，所以在公元1419年，将南面城墙拆了展到现在所在的线上。南面所展宽的土地，以修衙署为主，开辟了新的行政区。现在的司法部街原名“新刑部街”，是由西单牌楼的“旧刑部街”迁过来的。换一句话说，就是把东西交民巷那两条“郊民”的小街“巷”让出为衙署地区，而使郊民更向南移。

现在内城南部的位置是经过这样展拓而形成的。正阳门外也在那以后更加繁荣起来。到了明朝中叶，统治者势力渐弱，反抗的军事威力渐渐严重起来，因为城南人多，所以计划以元城北面为基础，四周再筑一城。故外城由南面开始，当中开辟永定门，但开工之后，发现财力不足，所以马马虎虎，东西未达到预定长度，就将城墙北折，止于内城的南方。于公元1553年完成了今天这个凸字形的特殊形状。它的形成及其在位置上的发展，明显的是辩证的，处处都反映各时期中政治、经济上的变化及其在军事上的要求。

这个城墙由于劳动的创造，它的工程表现出伟大的集体创造与成功的力量。这环绕北京的城墙，主要虽为防御而设，但从艺术的观点看来，它是一件气魄雄伟，精神壮丽的杰作。它的朴质无华的结构，单纯壮硕的体形，反映出为解决某种需要，经由劳动的血汗，劳动的精神与实力，人民集体所成功的技术上的创造。它不只是一堆平凡叠积的砖堆，它是举世无匹的大胆的建筑纪念物，磊拓嵯峨，意味深厚的艺术创造。无论是它壮硕的品质，或是它轩昂的外像，或是那样年年历尽风雨甘辛，同北京人民共甘苦的象征意味，总都要引起后人复杂的情感的。

苏联斯莫冷斯克的城墙，周围七公里，被称为“俄罗斯的颈环”，大战中受了损害，苏联人民百般爱护地把它修复。北京的城墙无疑的也可当“中国的颈环”乃至“世界的颈环”的尊号而无愧。它是我们的国宝，也是世界人类的文物遗迹。我们既承继了这样可珍贵的一件历史遗产，我们岂可随便把它毁掉!

那么，主张拆除者又问了：在那有利的方面呢？我们计算利用城墙上那些砖，拆下来协助其他建设的看法，难道就不该加以考虑吗？

这里反对者方面更有强有力的辩驳了。

他说：城砖固然可能完整地拆下很多，以整个北京城来计算，那数目也的确不小。但北京的城墙，除去内外各有厚约一公尺的砖皮外，内心全是“灰土”，就是石灰黄土的混凝土。这些三四百年乃至五六百年的灰土坚硬如同岩石；据约略估计，约有1100万吨。假使能把它清除，用由20节18吨的车皮组成的列车每日运送一次，要83年才能运完！请问这一列车在83年之中可以运输多少有用的东西。而且这些坚硬的灰土，既不能用以种植，又不能用作建筑材料，用来筑路，却又不够坚实，不适使用；完全是毫无用处的废料。不但如此，因为这混凝土的坚硬性质，拆除时没有工具可以挖动它，还必须使用炸药，因此北京的市民还要听若干年每天不断的爆炸声！还不止如此，即使能把灰土炸开，挖松，运走，这1100万吨的废料的体积约等于十一二个景山，又在何处安放呢？主张拆除者在这些问题上面没有费过脑汁，也许是由于根本没有想到，乃至没有知道墙心内有混凝土的问题吧。

就说绕过这样一个问题而不讨论，假设北京同其他县城的城墙一样是比较简单的工程，计算把城砖拆下做成暗沟，用灰土将护城河填平，铺好公路，到底是不是一举两得一种便宜的建设呢？

由主张保存者的立场来回答是：苦心的朋友们，北京城外并不缺少土地呀，四面都是广阔的平原，我们又为什么要费这样大的人力，一两个野战军的人数，来取得这一带之地呢？拆除城墙所需的庞大的劳动力是可以积极生产许多有利于人民的果实的。将来我们有力量建设，砖窑业是必要发展的，用不着这样费事去取得。如此浪费人力，同时还要毁掉环绕着北京的一件国宝文物——一圈对于北京形体的壮丽有莫大关系的古代工程，对于北京卫生有莫大功用的环城护城河——这不但是庸人自扰，简直是罪过的行动了。

这样辩论斗争的结果，双方的意见是不应该不趋向一致的。事实上，凡是参加过这样辩论的，结论便都是认为城墙的确不但不应拆除，且应保护整理，与护城河一起作为一个整体的计划，善予利用，使它成为将来北京市都市计划中的有利的，仍为现代所重用的一座纪念性的古代工程。这样由它的物质的特殊和珍贵，形体的朴实雄壮，反映到我们感觉上来，它会丰富我们对北京的喜爱，增强我们民族精神的饱满。

（本文原载《新建设》第2卷第6期，1950年5月7日出版）

图书在版编目（CIP）数据

拙匠随笔 / 梁思成著. —北京：中国城市出版社，2024.2

（建筑大家谈 / 杨永生主编）

ISBN 978-7-5074-3685-3

Ⅰ. ①拙… Ⅱ. ①梁… Ⅲ. ①建筑学—基本知识 Ⅳ. ①TU

中国国家版本馆CIP数据核字（2024）第043715号

责任编辑：陈夕涛　徐昌强　李　东
书籍设计：张悟静
责任校对：党　蕾

建筑大家谈
杨永生　主编
拙匠随笔
梁思成　著

*
中国建筑工业出版社、中国城市出版社出版、发行（北京海淀三里河路9号）
各地新华书店、建筑书店经销
北京锋尚制版有限公司制版
北京中科印刷有限公司印刷

*
开本：787 毫米×1092 毫米　1/32　印张：6⅛　字数：78千字
2024 年 4 月第一版　　2024 年 4 月第一次印刷
定价：**48.00** 元
ISBN 978-7-5074-3685-3
（904631）